建立水资源刚性约束制度的前哨战

——最严格水资源管理制度考核工作跟踪评估概要

吴强　马毅鹏　李淼 等　编著

中国水利水电出版社
www.waterpub.com.cn
·北京·

内 容 提 要

本书聚焦实行最严格水资源管理制度考核工作，对其实施背景、重要意义、工作总体安排、主要考核方法等进行了梳理，对考核制度设计以及工作实施过程进行深入调查和评估，提出了考核工作的阶段性特征及不同阶段评估发现的主要问题，结合考核相关理论分析、部分地区的实际表现，充分借鉴其他相关领域考核做法，对进一步改进完善考核工作的重点问题进行了深入分析，提出了具体的工作建议。

图书在版编目（CIP）数据

建立水资源刚性约束制度的前哨战 ： 最严格水资源管理制度考核工作跟踪评估概要 / 吴强等编著. -- 北京: 中国水利水电出版社, 2022.2
ISBN 978-7-5226-0532-6

Ⅰ. ①建… Ⅱ. ①吴… Ⅲ. ①水资源管理－监管制度－考核－研究－中国 Ⅳ. ①TV213.4

中国版本图书馆CIP数据核字(2022)第039031号

书　　名	建立水资源刚性约束制度的前哨战 ——最严格水资源管理制度考核工作跟踪评估概要 JIANLI SHUIZIYUAN GANGXING YUESHU ZHIDU DE QIANSHAOZHAN——ZUI YANGE SHUIZIYUAN GUANLI ZHIDU KAOHE GONGZUO GENZONG PINGGU GAIYAO
作　　者	吴　强　马毅鹏　李　淼　等 编著
出版发行	中国水利水电出版社 （北京市海淀区玉渊潭南路1号D座　100038） 网址：www.waterpub.com.cn E-mail：sales@mwr.gov.cn 电话：（010）68545888（营销中心）
经　　售	北京科水图书销售有限公司 电话：（010）68545874、63202643 全国各地新华书店和相关出版物销售网点
排　　版	中国水利水电出版社微机排版中心
印　　刷	天津嘉恒印务有限公司
规　　格	170mm×240mm　16开本　17.75印张　223千字
版　　次	2022年2月第1版　2022年2月第1次印刷
定　　价	**86.00**元

前　言

建立水资源刚性约束制度，是党的十九届五中全会和《中华人民共和国国民经济和社会发展第十四个五年规划和 2035 年远景目标纲要》确定的一项重大任务，是贯彻落实习近平总书记提出的“节水优先、空间均衡、系统治理、两手发力”治水思路（简称“十六字治水思路”）、推动新阶段水利高质量发展的重要举措，是推进水治理体系和治理能力现代化、提升水安全保障能力的内在要求。

习近平总书记高度重视国家水安全，特别强调要遵循规律、强化水资源刚性约束，在 2014 年关于保障国家水安全的重要讲话中要求“加强需求管理，把水资源、水生态、水环境承载能力作为刚性约束，贯彻落实到改革发展稳定各项工作中”，在 2019 年黄河流域生态保护和高质量发展座谈会的重要讲话中提出“要坚持以水定城、以水定地、以水定人、以水定产，把水资源作为最大的刚性约束，合理规划人口、城市和产业发展，坚决抑制不合理用水需求”。习近平总书记的系列重要论述，为建立水资源刚性约束制度指明了方向、提出了明确要求。

2011 年，《中共中央　国务院关于加快水利改革发展的决定》（中发〔2011〕1 号），明确提出实行最严格的水资源管理制度，要求确立水资源开发利用控制红线、用水效率控制红线、水功能区限制纳污红线等“三条红线”，建立用水总量控制制度、用水效率控制制度、水功能区限制纳污制度、水资源管理责任和考核制度等“四项制度”。2012 年，国务院印发《关于实行最严格水资源管理制度的意见》（国发〔2012〕3 号），对实行最严格水资源管理制度作出全面部署。党的十八大以来，按照习近平总书记“十六字”治水思路和相关重要论述指示批示精神，国家层面先后部署实施了水资源消耗总量和强度双控行动、国家节水行动等，进一步丰富和拓展了最严格水资源管理制度的内涵、任务和要求。最严格水资源管理制度的全面实施和完善发展，为建立水资源刚性约束制度创造了有利条件、奠定了坚实基础。

建立并实施水资源管理责任和考核制度，既是实行最严格水资源管理制度的重要内容，也是推动“四项制度”中的其他制度顺利实施、确保“三条红线”目标实现的重要保障。2013 年，《国务院办公厅关于印发实行最严格水资源管理制度考核办法的通知》（国办发〔2013〕2 号），进一步细化明确了水资源管理责任和考核制度的具体内容，对实行最严格水资源管理制度考核工作作出了总体安排。《水利部等十部委关于印发〈实行最严格水资源管理制度考核工作实施方案〉的通知》（水资源〔2014〕61 号）、《水利部等 9 部门关于印发〈“十三五”实行最严格水资源管理制度考核工作实施方案〉的通知》（水资源〔2016〕463 号）等，对考核工作组织实施作出了细化安排。自 2014 年开始，实行最严格水资源管理制度考核工作正式启动。2014 年以来，依照考核办法和考核工作实施方案，水利部等部门先后组织开展了 5 次年度考核和 2 次期末考核，考核结果经国务院审定后通报各省（自治区、直辖市）人民政府并向社会公布，有力推动了最严格水资源管理制度落实，促进了水资源可持续利用和经济发展方式转变，保障了经济社会长期平稳较快发展。

最严格水资源管理制度考核工作是对制度落实的全面检视和有力督促，具有双重角色和功能。考核的目的是客观核查最严格水资源管理制度实施情况，及时发现问题并督促整改落实；考核的内容和方式应紧密贴合中央治水重大决策部署和重点任务，并根据新的形势和任务要求不断进行调整和完善。因此，考核工作是否科学、考核结果是否公正至关重要。特别是随着最严格水资源管理制度和考核工作深入推进，考核结果作为对地方人民政府相关领导干部综合考核评价的重要依据，地方对考核工作的科学性、公正性愈发关注，如何推动考核工作不断完善并得到各方认可是一项重要挑战。

水利部高度重视考核工作实施和完善工作，自 2016 年起每年立项并委托水利部发展研究中心开展最严格水资源管理制度考核工作跟踪评估项目，重点是对年度或期末考核工作进行全面的梳理、归纳和总结，发现考核工作存在的不足并提出改进建议，推动考核工作不断完善提升，促进最严格水资源管理制度的落实。为做好这项工作，水利部发展研究中心组建专门团队，坚持事前、事中、事后全过程跟踪评估原则，在对考核相关理论进行分析的基础上，强化事中的现场调研，开展事后访谈调查，全面、完整、细致了解考核工作的实施过程和实施效果，对考核工作进行客观评价，在此基础上进一步通过借鉴相关领域考核工作经验，挖掘地方最严格考核工作的有益实践，提出改进国家考核工作的相关建议，取得了较好效果。几年来，多次派员全程参与现场考核工作，先后赴云南、贵州、宁夏、甘肃、湖南、陕西、河南、河北、吉林等多个省（自治区），深入基层，累计开展了 200 余人次的调研，开展了近 400 人次的问卷调查，召开了 20 余次专家咨询会，联合北京师范大学等外部优势力量对生态环保等领域的考核工作经验进行梳理借鉴，提出了一系列契合形势要求的考核工作完善建议，其中不少建议已被采纳应用，如进一步重视日常检查结果在考核工作中的应用、研究设立单位国内生产总值用水量指标、加大奖惩力度、扩大考核结果应用范围等，已在近期考核工作中得到了运用。

此外，根据相关工作需要，水利部发展研究中心连续 5 年完成对水利部等部委报请国务院审定年度或期末考核结果请示的政策评估报告，随同请示一并上报国务院。

“十四五”时期是我国开启全面建设社会主义现代化国家新征程、向第二个百年奋斗目标进军的第一个五年。党的十九届五中全会和《中华人民共和国国民经济和社会发展第十四个五年规划和 2035 年远景目标纲要》明确提出建立水资源刚性约束制度，中央全面深化改革委员会将建立水资源刚性约束制度列为 2021 年重点改革事项。水利部党组将推动高质量发展作为新阶段水利工作的主题，并将建立水资源刚性约束制度列入推动新阶段水利高质量发展“六条实施路径”中的重要举措，目前正在组织开展制度文件的研究起草工作。建立水资源刚性约束制度，应在全面总结评估最严格水资源管理制度建设及实施情况基础上，坚持继承和发展相结合，实现对我国水资源管理理念、思路、政策、措施的全方位提升。为此，我们组织编写了本书，在综合集成近年来开展最严格水资源管理制度考核工作跟踪评估相关成果的基础上，进一步梳理凝练，重点对考核的相关理论、考核工作实施以来的变迁过程、考核所发挥的重要作用等进行了系统归纳分析，以期为建立和实施水资源刚性约束制度提供参考。

本书主要内容由吴强、马毅鹏、李淼编写完成，刘汗、崔晨甲、张慧萌、姜晗琳参与编写部分内容。

由于编写人员水平有限，材料取舍不尽妥当，难免有疏漏或不妥之处，敬请读者批评指正。

作者

2021 年 11 月

目 录

第一章

最严格水资源管理考核工作跟踪评估背景

水资源是基础性的自然资源和战略性的经济资源，是生态与环境的控制性要素。我国国情、水情的特殊性，决定了实行最严格水资源管理制度的必要性，而做好考核工作则是落实好最严格水资源管理制度的重要保障。

一、最严格水资源管理制度的实施背景

水是生命之源、生产之要、生态之基。新中国成立以来，特别是改革开放以来，水资源开发、利用、配置、节约、保护和管理工作取得积极进展，为经济社会发展、人民安居乐业做出了重要贡献。但也必须清醒地认识到，我国人多水少、水资源时空分布不均，节水治水管水兴水任务依然艰巨。近年来，水资源短缺、水生态损害、水环境污染等问题越发突出，已成为制约经济社会高质量发展的主要瓶颈。

我国水资源问题主要表现在五个方面：①我国人均水资源量为 2078 立方米[1]，约为世界人均水资源量的 1/4，是全球水资源贫乏的主要国家之一；②水资源供需矛盾突出，我国年平均缺水

[1] 数据来源于《中国统计年鉴—2020》，中国统计出版社，2020 年 9 月。

量高达500多亿立方米[1]，北方缺水尤为严重；③水资源利用方式较为粗放，用水效率较低，农田灌溉水有效利用系数为0.565[2]，与世界先进水平（0.7～0.8）有较大差距；④部分地区水资源过度开发，如黄河流域水资源开发利用率高达80%，远超一般流域40%生态警戒线[3]，引发一系列生态环境问题；⑤水体污染仍然严重，影响或破坏了其使用功能，危及人民群众生活、身心健康，2018年18.4%的河长水质劣于Ⅲ类，富营养湖泊占73.5%，富营养水库占30.4%，30.1%的重要省界断面水质低于Ⅲ类，仅23.9%的浅层地下水水质达到Ⅲ类标准以上[4]。随着经济社会的快速发展以及对水资源保障要求的进一步提高，我国面临的水资源问题将更为复杂。为了实现水资源的可持续利用，切实增强水利对经济社会支撑保障能力，实行最严格的水资源管理制度是十分必要和紧迫的。

为解决日益复杂的水资源问题，实现水资源高效利用和有效保护，根据水利改革发展的新形势新要求，在系统总结我国水资源管理实践经验的基础上，2011年中央一号文件和中央水利工作会议明确要求实行最严格水资源管理制度，确立水资源开发利用控制、用水效率控制和水功能区限制纳污“三条红线”，从制度上推动经济社会发展与水资源水环境承载能力相适应。2012年，国务院发布了《关于实行最严格水资源管理制度的意见》，进一步明确水资源管理“三条红线”的主要目标，提出了具体的管理措施

[1] 郦建强，王建生，颜勇. 我国水资源安全现状与主要存在问题分析［J］. 中国水利，2011（23）：42-51。

[2] 数据来源于《2020年中国水资源公报》，水利部，2021年。

[3] 彭少明，郑小康，严登明，等. 黄河流域水资源供需新态势与对策［J］. 中国水利，2021（18）：18-20。

[4] 数据来源于《2018年中国水资源公报》，水利部，2019年7月。

和管理责任，全面部署工作任务，其中明确要求要开展实行最严格水资源管理制度的考核工作。2013 年，《国务院办公厅关于印发〈实行最严格水资源管理制度考核办法〉的通知》（国办发〔2013〕2 号，以下简称《考核办法》），明确了实行最严格水资源管理制度的责任主体与考核对象，确定了各省区市水资源管理控制目标、考核内容、奖惩措施等。2014 年，《水利部等十部委关于印发〈实行最严格水资源管理制度考核工作实施方案〉的通知》（水资源〔2014〕61 号，以下简称《实施方案》），对考核的组织、程序、内容、评分和结果使用等作出进一步细化规定。2016 年，《水利部等 9 部门关于印发〈“十三五”实行最严格水资源管理制度考核工作实施方案〉的通知》（水资源〔2016〕463 号）在总结“十二五”考核工作经验的基础上，进一步完善了考核工作实施方案。

党的十八大以来，以习近平总书记为核心的党中央，把生态文明建设纳入中国特色社会主义事业“五位一体”总体布局、放到更加突出的位置，从战略和全局高度对保障国家水安全作出一系列重大决策部署，明确提出“节水优先、空间均衡、系统治理、两手发力”的治水思路，对全面落实最严格水资源管理制度提出了新的更高要求。党的十八届五中全会进一步明确“实行最严格的水资源管理制度，以水定产、以水定城，建设节水型社会”的要求，赋予了最严格的水资源管理制度更加深刻的内涵。党的十九大报告将资源节约和环境保护上升到了新的历史高度，对最严格水资源管理提出了更高要求。我国第十三个五年规划纲要再次强调了落实最严格水资源管理制度的新要求和具体措施，全面推行“河长制”为最严格水资源管理制度赋予了新的内涵，未来必须深入落实最严格水资源管理制度，推动形成有利于水资源节约保护的空间格局、产业结构、生产方式、生活方式，为我国经济实现高质量发展提供支撑。

二、最严格水资源管理制度对考核工作的要求

实行最严格水资源管理制度是党中央、国务院在治水领域的重大决策部署，开展实行最严格水资源管理制度考核工作既是实行最严格水资源管理制度的直接要求，也是保障最严格水资源管理制度得到有效落实的重要手段。

2011 年中央一号文件［《中共中央　国务院关于加快水利改革发展的决定》（中发〔2011〕1 号）］把严格水资源管理作为加快转变经济发展方式的战略举措，明确提出要实行以用水总量控制制度、用水效率控制制度、水功能区限制纳污制度和水资源管理责任考核制度为核心的最严格水资源管理制度，确立并落实水资源管理“三条红线”，规范、约束和引导用水行为，实现水资源合理开发、高效利用和有效保护，从制度上推动经济社会发展与水资源水环境承载能力相适应。

2012 年，国务院印发《关于实行最严格水资源管理制度的意见》（国发〔2012〕3 号，以下简称“国发 3 号文”），这是继 2011 年中央一号文件明确要求实行最严格水资源管理制度以来，国务院对实行该制度做出的更为全面的部署和具体安排，提出了实行最严格水资源管理制度的指导思想、基本原则、主要目标、管理和保障措施，对解决中国复杂的水资源水环境问题，实现经济社会的可持续发展具有重要意义和深远影响。国发 3 号文对实行最严格水资源管理制度作出系统安排，核心是确立水资源开发利用控制、用水效率控制、水功能区限制纳污“三条红线”和实施用水总量控制、用水效率控制、水功能区限制纳污、水资源管理责任和考核“四项制度”。国发 3 号文以维护人民群众的根本利益为出发点和落脚点，以实现人水和谐为核心理念，以水资源配

置、节约和保护为工作重心，以统筹兼顾为根本方法，以坚持改革创新为推进管理的不竭动力，从水资源开发利用优先向节约保护优先转变，从事后治理向事前预防转变，从过度开发、无序开发向合理开发、有序开发转变，从水资源粗放利用向高效利用转变，从注重行政管理向综合管理转变。这一以水资源纲领性文件的出台和实施极大地推动了最严格水资源管理制度的贯彻落实，促进了水资源合理开发利用和节约保护，保障经济社会可持续发展。

开展加快实施最严格水资源管理制度试点工作，是水利部贯彻落实2011年中央一号文件和国发3号文的一项重大举措，对抓住和用好最严格水资源管理制度建立的战略机遇期，奋力开创中国特色水利现代化建设新局面，具有十分重要的意义。

三、最严格水资源管理制度考核工作的总体安排

为做好最严格水资源管理制度的考核工作，2013年国务院办公厅印发《考核办法》，对考核工作进行了总体安排，明确了实行最严格水资源管理制度的责任主体与考核对象，提出了各省（自治区、直辖市）水资源管理控制目标、考核内容、奖惩措施等。2014年，水利部、国家发展改革委、工业和信息化部、财政部、国土资源部、环境保护部、住房城乡建设部、农业部、审计署和国家统计局等十部委联合印发《实施方案》，对考核的组织、程序、内容、评分和结果使用等作出进一步细化规定，全面启动最严格水资源管理考核问责。这些政策规定是制定最严格水资源管理制度年度考核工作方案的主要依据，也是具体开展考核工作的根本遵循。

（一）考核对象

国务院对各省（自治区、直辖市）落实最严格水资源管理制

度情况进行考核。各省（自治区、直辖市）人民政府是实行最严格水资源管理制度的责任主体，政府主要负责人对本行政区域水资源管理和保护工作负总责。

（二）考核组织

水利部会同国家发展改革委、工业和信息化部、财政部等部门组成实行最严格水资源管理制度考核工作组（以下简称考核工作组），负责具体组织实施对各省（自治区、直辖市）落实最严格水资源管理制度情况的考核，形成年度或期末考核报告。

考核工作组办公室设在水利部，承担考核工作组的日常工作。

（三）考核内容

实行最严格水资源管理制度考核工作的考核内容包括各省（自治区、直辖市）的最严格水资源管理制度目标完成、制度建设和措施落实情况。

具体来说，实行最严格水资源管理制度主要目标完成情况考核内容包括用水总量控制指标、用水效率控制指标、重要江河湖泊水功能区水质达标率控制指标等；制度建设和措施落实情况主要考核内容包括用水总量控制、用水效率控制、水功能区限制纳污、水资源管理责任和考核等。

（四）考核流程

考核工作与国民经济和社会发展五年规划相对应，每五年为一个考核期，采用年度考核和期末考核相结合的方式进行。在考核期的第 2～第 5 年上半年开展上年度考核，在考核期结束后的次年上半年开展期末考核。

1. 发布考核工作通知

在考核期内各年度，水利部商考核工作组各成员单位，发布年度考核工作通知，明确对上一年度或期末考核工作的具体要求。

2. 确定年度目标及工作计划

各省（自治区、直辖市）人民政府要按照本行政区域考核期水资源管理控制目标，合理确定年度目标和工作计划，在考核期起始年 3 月底前报送水利部备案，同时抄送考核工作组其他成员单位。如考核期内对年度目标和工作计划有调整的，应及时将调整情况报送备案。

3. 开展自查与核查工作

各省（自治区、直辖市）人民政府要组织开展自查，编写自查报告，将本地区上一年度或上一考核期的自查报告上报国务院，并抄送水利部等考核工作组成员单位。省级水行政主管部门会同相关部门将用于自查报告复核的相关技术资料同时报送水利部。

考核工作组对自查报告和相关技术资料进行真实性、准确性和合理性检验及核算分析。

4. 组织重点抽查与现场检查

在自查报告核查基础上，考核工作组对各省（自治区、直辖市）进行重点抽查和现场检查，重点抽查内容包括对省（自治区、直辖市）人民政府上报的相关技术资料现场核对，以及对重点用水户取用水量、用水效率、水功能区水质状况等进行实地检查。

考核工作组将综合自查、核查和抽查结果，提出各省（自治区、直辖市）年度或期末考核评分和等级建议，形成年度或期末考核报告。

5. 公布考核结果

水利部在每年 6 月底前将年度或期末考核报告上报国务院，经国务院审定后，向社会公告。

（五）考核方法

考核评定采用评分法，满分为 100 分。年度考核得分由目标完成、制度建设和措施落实情况两部分分值加权。期末考核由各年度考核平均得分和期末年考核得分加权。根据年度或期末考核的评分结果划分为优秀、良好、合格、不合格等四个等级。考核得分 90 分以上为优秀，80 分以上 90 分以下为良好，60 分以上 80 分以下为合格，60 分以下为不合格。

（六）结果应用

1. 考核公告使用

经国务院审定的年度和期末考核结果，交由干部主管部门，作为对各省（自治区、直辖市）人民政府主要负责人和领导班子综合考核评价的重要依据。

2. 奖励表彰

对期末考核结果为优秀的省（自治区、直辖市）人民政府，国务院予以通报表扬，有关部门在相关项目安排上优先予以考虑。对在水资源节约、保护和管理中取得显著成绩的单位和个人，按照国家有关规定给予表彰奖励。

3. 整改检查

年度或期末考核结果为不合格的省（自治区、直辖市）人民政府，要在考核结果公告后 1 个月内，向国务院作出书面报告，提出限期整改措施，同时抄送水利部等考核工作组成员单位。整改期间，暂停该地区建设项目新增取水和入河排污口审批，暂停该地区新增主要水污染物排放建设项目环评审批。

4. 追究责任

对整改不到位的，由监察机关依法依纪追究该地区有关责任人员的责任。

对在考核工作中瞒报、谎报的地区，予以通报批评，对有关责任人员依法依纪追究责任。

四、对考核工作开展评估的目的和方法

需要说明的是，对最严格水资源管理制度考核工作进行评估，并非是对最严格水资源管理制度实施情况进行评估，这两者是截然不同的两项工作。本节对开展考核工作评估的目的、对象、思路和方法进行简要说明。

（一）评估目的

1. 挖掘考核工作成效和好的做法

考核是一项持续性工作，在过程中有必要及时总结成效，加强宣传，以提升考核工作的影响力，进一步强化其作用和效果。同时，考核工作又包括中央对各省（自治区、直辖市）的考核，以及各省开展的省内考核，各地在实践中探索了不少特色做法，挖掘和梳理地方考核好的做法，可以为不断完善优化国家考核工作提供参考借鉴。

2. 分析考核工作尚存在的不足，推动考核工作不断完善

通过开展考核工作，能够有效地引起地方政府及相关部门领导的重视，通过层层传导压力和动力，形成合力，有助于积极推动最严格水资源管理制度落实。同时，考核工作本身也备受关注，容易受到质疑，必须按照客观公平、科学合理、系统综合、求真务实的原则，制定权威、科学、高效、合理的考核方法和工作方案并抓好组织实施，这就要求工作过程中要不断分析考核工作存在的不足，推动考核工作不断完善。

3. 落实国务院相关要求

按照《国务院办公厅关于进一步加强文件审核把关的通知》（国办函〔2016〕44号）的要求，提请国务院审定的政策文件应当开展政策评估，并将评估意见随同文件一并上报国务院。每年的考核结果都要报请国务院审定，应当开展相应的政策评估，通

过对考核工作进行跟踪评估，才能以此为基础形成评估意见。

（二）评估对象

主要针对实行最严格水资源管理制度考核工作考核方案、考核组织开展、考核内容、考核指标设计、考核评分、考核结果应用等方面进行全面的评估。

（三）评估思路

以习近平新时代中国特色社会主义思想为指导，全面贯彻落实“节水优先、空间均衡、系统治理、两手发力”治水思路，按照国务院关于实行最严格水资源管理制度及开展考核工作的有关要求，坚持客观、科学、独立的原则，对考核工作进行持续跟踪，发现其中好的做法，挖掘存在的不足和问题，借鉴其他行业及地方考核的相关经验，提出考核工作完善建议，推动最严格水资源管理制度得到更好的落实。

（四）评估方法

主要采取理论分析、实地调研、问卷调查、专家咨询、经验借鉴等方法。

1. 理论分析

对考核的相关理论进行梳理分析，为完善实行最严格水资源管理制度考核工作提供基础理论支撑。对考核方案进行合理性分析，对考核结果进行相关成果对比分析。

2. 实地调研

选择云南、贵州、宁夏、甘肃、湖南、陕西、河南等多个省（自治区）进行了深入调研，了解考核工作的具体开展流程及地方意见。

3. 问卷调查

利用水利部发展研究中心承办全国水资源管理培训班的机会，向全国各地的水资源管理一线工作人员发放调查问卷，了解其对考核工作的认识和意见。

4. 专家咨询

向水资源司、水资源管理中心、水规总院、水科院等单位的专家就某些问题和课题中间成果进行咨询，广泛吸收专家意见建议，为完善课题成果提供支撑。

5. 经验借鉴

通过梳理分析环保、农业、自然资源等相关部门开展考核工作的有关经验，提出可以被最严格水资源管理制度考核工作借鉴的做法。

第二章

关于考核的一般理论

考核自古以来、国内国外都有，在其基本含义、考核方法以及应用上形成了一些较好的理论基础和经验总结。对这些考核基本理论的分析和阐述，将有利于促进落实最严格水资源管理制度考核工作的顺利高效开展，并进一步推动最严格水资源管理制度落实，发挥实际效益。

一、考核的概念内涵

（一）考核的定义与实质

考核是一个汉语词汇，意思是考试，考定核查[1]。最早的考核一词来源于《颜氏家训·省事》中“有一礼官，耻为此让，苦欲留连，强加考核”。我国的历史文献中出现的关于该词的各种解释和内容，大致可以归纳为考查审核、考查核实、研究考证等。

与考核相近似的概念有很多，比如评价、评估、检查、稽查、审计、审核，等等。其本意也大同小异，只是在具体实施过程中的侧重点、标准选择、具体指标，或者在考核之后采取的手段有所不同，但核心程序和要求十分相近、类似。

考核在工作中的应用往往与绩效考核紧密相关，其本质就是以工作成效为内容进行考核。因此考核无论是从内容还是从形式

---

[1] https：//baike. so. com/doc/6774952 - 6990262. html。

上看，本质上就是绩效考核简化的一种说法。

早期的绩效考核（performance examine）主要用于企业管理，是企业对员工的一种绩效评价，是企业绩效管理中的一个环节，是指考核主体对照工作目标和绩效标准，采用科学的考核方式，评定员工的工作任务完成情况、员工的工作职责履行程度和员工的发展情况，并且将评定结果反馈给员工的过程。绩效考核是绩效管理过程中的一种手段。目前绩效考核已经广泛用于各个领域，考核的主体也从单个的个体扩展到部门和领域，考核的内容、方法也都发生了较大的变化。为了研究的需要，本书主要的研究范围是行政管理的考核。

绩效考核本质上是一种过程管理，而不是仅仅对结果的考核。它是将中长期的目标分解成年度、季度、月度指标，不断督促被考核者实现、完成的过程，有效的绩效考核能帮助组织达成目标。

（二）考核主要类型

绩效考核起源于西方国家文官（公务员）制度。最早的考核起源于英国，在英国实行文官制度初期，文官晋级主要凭资历，于是造成工作不分优劣，所有的人一起晋级加薪的局面，结果是冗员充斥，效率低下。1854—1870 年，英国文官制度改革，注重表现、看才能的考核制度开始建立。根据这种考核制度，文官实行按年度逐人逐项进行考核的方法，根据考核结果的优劣，实施奖励与升降。考核制度的实行，充分地调动了英国文官的积极性，从而大大提高了政府行政管理的科学性，增强了政府的廉洁与效能。

英国文官考核制度的成功实行为其他国家提供了经验和榜样。美国于 1887 年也正式建立了考核制度。强调文官的任用、加薪和晋级，均以工作考核为依据，论功行赏，称为功绩制。此后，其他国家纷纷借鉴与效仿，形成各种各样的文官考核制度。这种制度有一个共同的特征，即把工作实绩作为考核的最重要的内容，同时对德、能、勤、绩进行全面考察，并根据工作实绩的优劣决定公务员的奖惩和晋升。

随着绩效考核效果的不断显现，考核这种方式的应用领域、范围得以不断拓展，广泛地应用到现代行政管理、经济发展和企业管理等各类活动中，考核的对象、内容、方式也在日益完善。按照不同的标准，考核可分为不同的类型。

从考核对象看，主要包括对①某个行政层级上的一级组织；②某个组织的某个具体部门；③某个团队或者个人的考核。

从考核内容看，主要包括对①某项出台政策执行效果；②某个已经实施的项目；③某项具体任务、具体事项的考核。

从考核内容集中程度分类看，可以划分为：①综合考核；②专题考核；③单项考核。

从考核主体看，理论上来说，发起一项活动的主体就可以承担考核主体，这个主体可以是考官、同事甚至是下属。如果将发起活动的主体定义为上级，可将考核分为上级考核与第三方考核，即上级对下级的考核。但为了更加的公平公正、透明高效，往往选择没有直接利害关系的社会组织开展评价考核，更有利于考核的目标的实现。[1]

（三）考核应具备的特点

总结考核相关理论，对做好考核工作应当具备的各方面条件进行梳理。

---

[1] 一般而言，考核是指在一个行政组织内部，如行政机关的上下级、企业的内部上下层的评价平盘，具有一定的判断和定性，给出结论的特征。第三方评估往往是考核过程的组成部分，是开展考核的前提和基础，是在大型考核工作或者重要考核工作中采用的方法，往往支持给出“是什么”的实证结果，不给出“价值”判断。

1. 目标的科学性、系统性和可及性

在充分调查研究的基础上，结合本地区、本单位、本部门的具体情况，以科学的态度、务实的精神，既不过高也不过低地制定目标，确定任务。目标过高，会使人望而生畏，感到可望而不可即，从而丧失信心；目标过低、唾手可得，又会使人不求进取，不利于充分调动人的积极性，激发人的内在潜力。

制定目标时要注意以下几个方面。

（1）目标可分解，即将目标在总目标的基础上分解成若干小目标，分阶段实施，使人感到大目标并非高不可攀，从而有效地鼓舞人们积极地通过实现小目标最终实现最终的大目标，建立一个良好有效务实的路径。

（2）目标要明确具体、量化，不能泛泛而谈，造成手足无措，不知道做什么，做到什么程度的情况。

（3）目标主次分明，要有系统性，重点突出，条理清晰，将计划实现的若干目标按照主次、轻重、大小、先后等顺序罗列清楚，提高执行的效率。

（4）表达目标的语言准确、简明，不能使用“可能”“大约”“也许”“左右”“上下”“或者”之类的不确切、模糊的词语，更不能在目标中掺杂说明、解释性的词语和阐明目标意义的语句。

2. 信息的可获得性与完整性

设计者在考核的内容和指标的设计中，为了更加科学、全面、完整地反映工作的绩效和被考核者的努力程度，一般都会设计详细而全面的指标。对于一些新的考核内容和指标，一定要注意这些指标是否能够获得，是否能够完整全面及时地获取。

信息的可获得性往往来自于被考核对象工作中的统计数据、日常行政记录、实时监测、业务台账等。这些信息并非按照同一标准就可以获取，跨行业、跨专业、新技术、复合型等信息往往难以采集。同样的指标，如果需要更高质量数据就需要付出更大更高的成本。O'Reilly（1982）的理论认为信息质量是决定信息源选择的主要因素。该理论的基本假设是，由于信息搜寻行为的目的是通过获取有用的信息来降低不确定性，信息使用者会倾向于使用能够提供质量较高的信息的信息源，用户在进行成本收益博弈的过程中会更重视收益而非成本❶。孟银涛和钟永恒（2012）认为信息源使用意向的影响因素不仅包括信息源本身的质量和可得性，还与用户的内在动机有关，动机内在化的程度越高，其对信息质量的要求就越高。因此，对于一些内在动机高的人来说，他们愿意花费时间等成本通过较烦琐的手段获取高质量的信息❷。

以上两种观点在行政部门的考核中也各自有所体现。对于行政部门而言，考核是评价行政工作的绩效，需要对信息数据的质量、完整性提出更高的要求，这也和被考核者自身对考核评价的认识水平和重视程度有关，因此强化信息收集手段和水平，加大考核工作人财物的投入是应该的。当然，越是力图获得完全的信息，其付出的成本和精力也越多，在不同阶段并不一定非要获取超越管理水平的信息规模和质量，适当控制信息的搜集、整理和计算的成本也是必要的。寻求二者的平衡点是实际考核工作力求实现的目标之一。

3. 结果的准确性、及时性

绩效考核结果作为考核应用的依据，具有重要的政策作用和

---

❶ O'Reilly C A. Variations in Decision Makers' Use of Information Sources：The Impact of Quality and Accessibility of Information [J]. Academy of Management Journal，1982，25（4）。

❷ 孟银涛，钟永恒. 用户信息获取过程中的影响因素研究 [J]. 图书馆学研究，2012（21）：74－79。

奖惩效果，其准确性是考核各方都十分关心的问题。作为考核者，考核结果出来的时候，首先要看这些结果是否可靠、可信，然后才是利用结果进行考核。

一个考核过程涉及采样，如何保证结果的准确性，取决于以下几个方面。

（1）原始数据采集的完整性和真实性，对信息的筛选、因果关系要可追溯，信息要经得起考验。

（2）分析过程的科学性、准确性，使信息过程的分析、计算、试验等更为全面而准确。

（3）人为因素的考虑，能在机器辅助的情况下，尽量减少人为因素的影响，避免出现人员素质不高、不一而造成的误差。

考核结果是为考核整体工作服务的，要服从考核工作的整体安排，考核信息获取、整理、计算和结果出台的及时性至关重要，只有及时提出考核结果，才能及时发现问题、解决问题，提高效率。

（四）考核的目标和意义

西方国家文官制度的实践证明，考核是公务员制度的一项重要内容，是提高政府工作效率的中心环节。各级政府机关通过对国家公务员的考核，依法对公务员进行管理，优胜劣汰，有利于公众和社会对公务员必要的监督。

二、考核方法

考核方法本质上是对考核的过程中，考核活动的组织实施、方式方法的抽象和提炼，因此考核方法是和考核过程紧密联系在一起的。

（一）考核方法的广义与狭义之分

广义上，考核方法是指对整个考核活动所采用的步骤和要求的统称。由于考核活动具有事先设计、明确目标、指标筛选、考核实施等过程和环节，其根本目的是判断被考核人是否为目标而努力、努力的程度。通过“外在”的表现，判断“内在”的努力，是“目标—结果—比较—判断”分析范式的展示和具化。

狭义上，考核方法是就考核过程中的某个（些）阶段中所采用的具体方法的归类和设计，主要在技术层面上，对考核要求更为科学、系统、全面、准确的方法的设计。

（二）考核的具体方法

1. 目标管理法

目标管理（management by objective，MBO）法是一种综合性的绩效管理方法，由美国著名管理学大师彼得·德鲁克提出。目标管理是一种领导者与下属之间的双向互动过程。彼得·德鲁克认为，并不是有了工作才有目标，恰恰相反，是有了目标才能确定具体工作。当组织最高层确定了组织目标后，必须对其进行有效合理的分解，转变为各部门以及每位员工的分目标，管理则根据分目标完成情况对下级进行考核、评价、奖惩。

2. 要素评定法

要素评定法也称为功能测评法或测评量表法，是把定性考核和定量考核结合起来的方法。该方法具体操作过程包括确定考核项目，将指标按优劣程度划分等级，对考核人员进行培训，进行考核打分，对所取得的资料分析、调整和汇总，等等。

3. 360°方法

360°方法又称为交叉考核，即将原本由上到下，由上司评定下属绩效的旧方法，转变为全方位360°交叉形式的绩效考核。在考核时，通过同事评价、上级评价、下级评价、客户评价以及个人评价来评定绩效水平。交叉考核，不仅是绩效评定的依据，更能从中发现问题并找出问题原因所在，进而着手拟定改善工作计划。

除了这些方法之外，还存在很多方法比如比较法、量表法、叙述法、交替培训法等等。所有这些方法的核心就是通过对正反、强弱的对比和排序，实现定量地评价绩效的高低，以便于纵向横向的比较。

（三）考核过程与考核方法的关系

考核方法有多种类型，都是在不同的侧面，使用不同的技巧、利用不同的工具对考核过程的不同方面进行描述和刻画。有的方法是为了考核总体使用，起到框架性作用；有的则是为了将具体要素按照一定标准来排序，区分出等级；有的则是获取来源的多样性、全面性，更能准确地反映其客观事实，减少人为误差。

比如目标管理法，是在目标形成阶段开始制定目标并分解成为更细致的目标，这样的方法实际上是整个考核方法的基础和框架，是考核工作能够实施的基础，也是其他方法的基础，是将考核工作进行可实际操作的具体路径。

有的考核方法是为获取数据而设计的方法，这样的方法可以将存在的各个要素的特征逐一进行描述，并能够感召这些要素进行数据和信息的收集整理。比如要素评定法就是将每个要素按照“程度”不同来分级对待，提出排序。量表法则是将各类因素的获得数据按照表格的刻度，量化成直观的“高低”“大小”，从而实现排序。

360°方法则是为了更全面、准确、完整、如实地反映被考核者的绩效，最大可能地减少因为抽样的偶然性导致的信息获取的失真，通过多个角度、多个相关者来评分，能更准确地获取有关信息。

考核过程与考核方法关系见图 2－1。

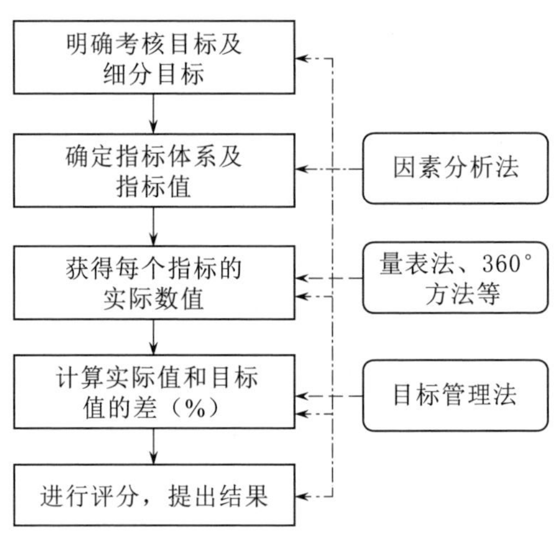

图 2-1　考核过程与考核方法关系图

三、考核反馈与结果应用

在整个绩效考核的工作体系中，考核的反馈与结果的应用是连接考核工作与本职工作的桥梁，是体系中不可或缺的重要一环，一般包括考核结果的分析、反馈和应用等几个步骤。

（一）结果分析

在按照整个考核工作安排的部署下，获得了相应指标的基础数据后，通过对数据的汇总、归类、分析、比较，形成可以利用的成果，考核者就掌握了对被考核对象直接评判的依据和标准。一般考核结果的分析大致有纵向比较分析和横向比较分析两种方法。

1. 纵向比较分析

考核结果的纵向比较分析是指以客体（指标、人员、部门、类别）为变化量对不同考核期的同一考核指标进行分析，包括单向指标的年度水平比较、单向指标平均水平年度变化趋势、考核指标总体平均水平比较等。

2. 横向比较分析

横向比较分析指的是以客体（指标、人员、部门和类别）为变化量对同一个考核期进行的比较分析，主要用于对不同考核对象就某个指标或者某类指标进行的对比，是比较不同被考核对象努力程度大小的方法。

3. 为便于比较而进行的无量纲化处理

应当看到，无论是纵向比较分析还是横向比较分析，都需要对不同的指标和数据去除掉绝对量，即采用无量纲方式经处理后，才能够进行纵横向的对比。

在经济管理学中，无量纲化处理是综合评价步骤中的一个环节，根据指标实际值和无量纲化结果数值的关系特征，无量纲化处理方法可以分为三大类：①直线型无量纲化方法，又包括阈值法、指数法、标准化方法、比重法；②折线型无量纲化方法，包括凸折线型法、凹折线型法、三折线型法；③曲线型无量纲化方法等。

目前常见的无量纲化处理方法主要有极值化、标准化、均值化以及标准差化方法，而最常使用的是标准化方法。但标准化方法处理后的各指标均值都为0，标准差都为1，它只反映了各指标之间的相互影响。在无量纲化的同时也抹杀了各指标之间变异程度上的差异，因此，标准化方法并不适用于多指标的综合评价。而经过均值化方法处理的各指标数据构成的协方差矩阵既可以反映原始数据中各指标变异程度上的差异，也包含各指标相互影响程度差异的信息。

另外，在进行总体比较的时候，往往采用“指数化”来反映其绩效水平，即建立一个综合指数，通过对每个指标赋予权重，给予赋分，然后通过加权计算，形成一个总指数，为统计分析提供基础。

（二）考核反馈

将考核结果及时反馈是绩效管理的重要环节，在考核者与被考核者之间架起了一座沟通的桥梁，使考核公开化，确保考核的公平和公正，是提高绩效的保证，可以排除目标冲突，达到促进工作、提高能力的目的。

通过绩效反馈，双方都能了解被考核方是否达到了绩效标准要求，对考核结果形成一致性的看法[1]，探讨绩效存在的问题并制定改进计划，对下一个绩效目标进行协商形成合约（或者预期），对考核者的期望以及未来发展的方向和空间等进行明确。

1. 按照考核取向可以分为建设性反馈和惩罚性反馈

建设性（激励性）反馈是指针对被考核者存在的不足和错误，提出改进的措施，对做得好的给予鼓励，以正向鼓励为主，促进下一步工作不断改进。

惩罚性（约束性）反馈则是按照“逆向”的方式开展，针对存在的不足和问题，进行一些惩罚措施，使得对方不敢再重复触犯类似错误，起到提高绩效水平的作用。

一般情况下，考核大多采用建设性的考核反馈方式，但并非一味地以这种方式出现，特别是正向刺激力度不够或者出现刺激边际效应递减，那就应当适时采取惩罚性的措施，以起到震慑效果，这在实际考核过程中也颇为多见。

2. 按照考核对象特点采取不同的反馈策略

简单地采取激励性或者惩罚性的反馈方式并不可取，这只是从考核人角度来考虑，并未从考核对象自身的特质上来考核。在企业中，员工的特点与个人素质密切相关。在行政部门中，绩效

---

[1] 很多形式的考试、考核和评价，在没有反馈环节的情况下，往往造成双方在某个问题上形成截然对立或者差异较大的看法和认知，导致后续的绩效改进无法实现，甚至挑起冲突，这就与考核的初衷相违背。

水平与该地区或该部门的长期的工作体制机制、长期形成的习惯以及工作作风有关。

因此采取何种方式来进行反馈需要针对考核对象的特点来制定策略。在针对企业员工进行考核的过程中，企业往往会按照员工的“状态”特征进行分类，然后实施针对性的考核反馈，以起到发挥员工积极性的作用，见图2-2。

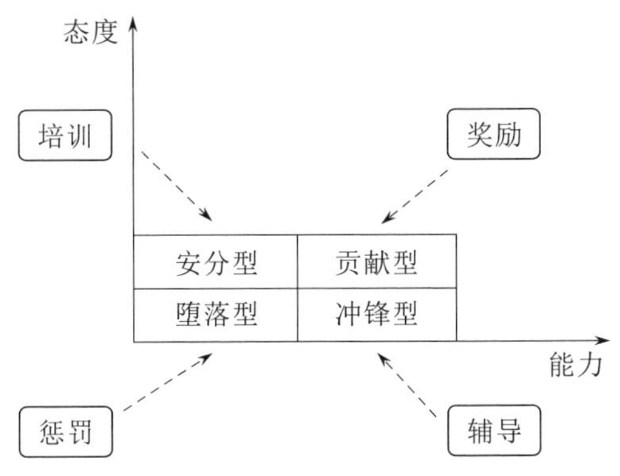

图2-2　考核对象特点的反馈策略图[1]

对行政层级的审核也需要借鉴企业的做法，根据行政管理的特点，按照不同地区、基础、环境和动力等因素进行分类，制定不同的、有针对性的考核反馈方式，以促进行政管理绩效水平的提高。

（三）考核结果的应用

利用考核结果去改进工作是开展考核的生命力所在，如果不能有应用，那再完善的考核制度最终也完全没用，也不会真正地

[1] 对于贡献型员工，在了解公司的激励政策的前提下予以奖励，并提出更高的目标要求，不断激发其能力；对于冲锋型员工，加强沟通辅导，进一步提高能力；对于安分型员工，以制定明确的严格的绩效改进计划为面谈重点，促进员工改进；对于堕落型员工，重申工作目标，澄清员工对工作成果的看法，以求对工作的认识达成一致，不存在歧义。

实施下去。在现实中对绩效考核结果的应用主要有以下三种表现：

（1）基本不应用：绩效管理走走形式、做样子、应付差事（敷衍塞责的管理者）。

（2）局部应用：只应用于报酬和奖惩（传统观念的管理者）。

（3）全面应用：管理决策＋组织和个人发展（具有现代绩效管理理念的管理者）。

不难发现，在不同程度的考核成果应用中，通过全面应用考核结果，提高管理决策水平，促进组织和个人的发展是符合现代组织管理和实践的要求的，也是当下和未来发展的主要趋势。

从应用场景上看，一个考核结果主要包括以下三个方面：

（1）通过公开公布起到监督促进作用。通过实行考核结果的通报制度，及时向上级部门反映报送考核结果和应用情况，并及时向被考核地区或机构通报考核结果。

（2）落实问题并督促整改。建立对考核中发现问题的整改机制，深入分析问题产生的原因，采取有效措施，防止类似问题再度出现，切实发挥绩效考核对项目实施的促进作用。

（3）建立考核结果与补助经费挂钩机制。对考核优秀考核者给予奖励，对不合格的给予惩罚，要将中央财政国家级的考核结果作为重要的依据，在下一个周期的经费安排上直接给予反映。

四、关于考核工作的进一步思考

（一）期末一次性考核和日常“走动式”考核的关系

一般地，考核是按照一定时间段对被考核者的表现进行绩效评价，从考核时间轴上看，总是按照一定节点来周期性地具体实施，比如按照年度、月度的考核，或者按照某个重要节点的一次性考核。我国脱贫攻坚的最终的考核等，都是按照一个时间段的期末的考核。但应当看到，期末考核归属于“事后”行为，与目前的流行的过程控制的理念并不一致。

在无论是什么性质、多大规模的各类组织中开展考核，实行一定程度的深入实际的“走动式管理”（management by wandering around）对于有效的考核工作都是必要的[1]。评价考核活动应当连续地进行，而不只是在特定时期的期末或在发生了问题时才进行，如果只是在年末或者是一定时期末期（比如5年规划末期）才进行一次考核评价，那将是亡羊补牢，总归晚了一些。

（二）考核内容要体现和反映社会发展的基本趋势

考核内容应当随着经济社会发展而进行调整。从目前国际上对绩效审计的普遍定义也能看出，其定义是对政府部门和公营单位管理公共资源的经济性（economy）、效率性（efficiency）、效果性（effectiveness）所作出的评价和监督[2]。后来有学者建议加入对环境性（environment）和公平性（equity）的考虑。虽然各国的审计机构类型各有不同，但都整体经历着从“3E”到“5E”的转变，更加注重环境和公平，在追求利润、降低成本的基础上更加注重对生态资源的有效利用和保护，以及在政府活动中对社会分配和社会秩序的保障。

尽管考核的规模、性质、方式差异很大，但在其内容中都在体现了对以上内容的不同程度的反映。同时从更具体的角度讲，要将“3E”或者“5E”的规律反映到具体的考核的内容上，特别是不同的考核的侧重点、内容等都会发生变化，最为关键的是要反映经济社会、行业管理以及组织发展的基本态势、最新要求、发展的成果。因此，将时代的精神和国家的要求、社会的关切、

---

[1] 弗雷德·R·戴维斯．战略管理［M］．8版．北京：经济科学出版社，2001。

[2] 绩效审计的定义主要采用的是审计机关国际组织1986年在悉尼召开的第十二届国际大会上的决定。虽然各个国家并没有统一的定义，但大致接近。见曹宏举《美国与瑞典政府绩效审计比较研究》（2010年吉林大学博士论文）。

人民的期盼等最基本、最核心和最新的发挥趋势和特征反映到考核的内容中，将对提高考核的质量和作用起到最核心的作用。比如把落实最严格水资源管理制度、脱贫攻坚等作为各级政府考核的任务，都反映一个时期国家的发展方向和政策制定的目的，也更能体现对广大人民群众关切的回应，体现社会发展的根本要求。

（三）同一周期内考核的内容和目标是否可调整变化

无论是上述的“3E”还是“5E”这些总体的目标方向，或者是在这些目标之下的具体目标以及在这些目标基础之上开展的考核的具体内容（含指标）等，在实际过程中，考核总是分不同的周期和时间段，那么在某个周期下，这些考核的内容和目标是否只能一成不变、不可调整呢？这要从考核的内容和目标制定的基础来思考。

应当说，考核的内容和指标是根据“内外部”因素来确定的，所谓内部因素是指在考核范围里的各种要素组合，这个要素组合在考核期间是否发生了变化是关键因素。所谓外部因素，是考核范围之外，但又对考核有千丝万缕相互影响的各种要素的组合，这个要素组合是否也发生了变化呢？

对构成考核活动内外部要素的变化应设立一定的变化阈值，在这一阈值范围内，其考核内容和指标需要继续保持不变，维护考核内容的稳定性；而一旦超越这一阈值，即考核的基础环境条件发生重大变化之后，就需要适当调整考核的有关内容和具体指标等。综合上述两种情况，要建立科学规范的指标调整机制，遵循硬性指标不能动，小幅调整指标值范围，并适度增减重要指标的原则，在一定的程序下对指标及目标值进行必要的调整，更加符合发展实际，突出重点，更好地反映管理者和公众的期望，也更能体现考核的目的及作用。

（四）考核工作自身也需要不断调整和完善

一个有效的考核评价工作必须满足以下几项基本要求。

（1）必须做到经济。当符合最初考核的目标，提供可以控制，影响被考核对象实际工作的有用的信息，一味地为了达到某个目标，无限制的扩大信息收集范围、规模和精细度并不是必须的，也没有必要。

（2）要有差异性。不同被考核的对象工作性质差异很大，不能制定同样强度、同样频次的信息收集要求，应当认识到高频率的考核并不利于控制。

（3）要在全面完整准确获取各方信息基础上，客观真实反映被考核事项的落实情况。考核工作的确是要真实反映被考核对象的努力程度的真实情况，但这些所谓的真实情况是通过一个个“外在”的信息来反映、展示的，这些信息与其“努力程度”并不都能完全对应和正相关。特别是在外界环境“变差”的时候，尽管被考核对象已经付出极大的努力，但其结果信息并不一定能够展示出来，如果仅仅依靠结果来评价，的确不能真实反映实际。因此，要全面、完整获取各方信息，充分考虑和判断外部环境，得出更为合理的考核结论。

（4）要促进考核和被考核双方，以及被考核对象内部之间的相互理解与信任。无论是一个部门、单位、行业，在实施一项政策、战略的过程中，都涉及多个部门和人员之间的分工与协作关系，考核要正视这种情况，考核的过程要让被考核对象内部有关单位、部门和人员进一步了解自身和相关者之间的分工协作关系，力图提高相互之间的默契程度。

（五）应建立纠正机制，不断改进和提升被考核者的绩效

考核不是目的，通过考核改进工作，提高绩效才是目的。因此，在考核的全部的环节中，采取纠正措施是一个完整周期的最后一个环节。只有通过考核发现问题，并在最后纠正问题，实施变革，才能促进被考核对象提高认识、改进方法、提升绩效。纠正机制的建立的基础来源两个方面：①考核对象自身的问题，导致绩效没有达到要求，或者排名靠后；②环境总是在不断地变化，没有一成不变的条件。因此，必须在考核之后做出一些适应性的调整、完善甚至是革新，才能为下一轮工作提供动力。

在考核过程中，纠正机制的建立应当注意三个问题：

(1) 将考核中发现的问题的反馈作为纠正机制的重要组成部分。

(2) 要建立问题整改情况（如对发现问题是否进行了纠正，纠正的程度如何等）的汇报机制。

(3) 要建立长效的机制，就是类似问题是否在考核周期间重复发生，如果重复发生就说明纠正机制还未真正建立。

这些方面都为考核总体机制的设计提供了建议和参考。

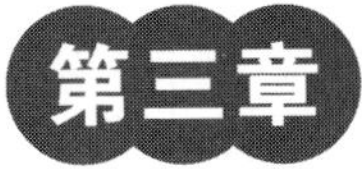

最严格水资源管理制度考核工作的历史沿革

2013 年 1 月，《考核办法》正式出台，标志着最严格考核工作即将启动。至 2021 年，全国范围内的考核工作已开展了 5 次，不同时期的考核工作都有着反映阶段重点工作的不同特点，有必要对此变迁过程做一梳理。

一、考核的时间分段

国务院作出考核工作总体布置后，考核工作又根据不同时期的时代背景和工作重心，进行了多次试验、优化和调整，具有明显的阶段特征。初步考虑按“十二五”时期、“十三五”前两年、“十三五”后两年来划分阶段，见图 3－1。

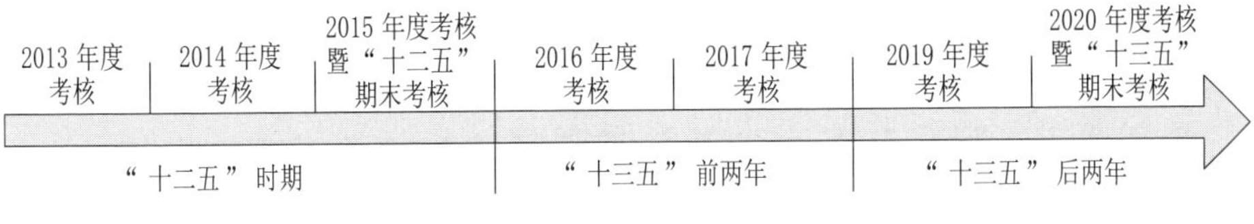

2013 年度考核
2014 年度考核
2015 年度考核暨“十二五”期末考核
2016 年度考核
2017 年度考核
2019 年度考核
2020 年度考核暨“十三五”期末考核
“十二五”时期
“十三五”前两年
“十三五”后两年

图 3－1　考核历史阶段时间轴

（一）“十二五”时期

“十二五”时期，是以 2011 年中央一号文件和中央水利工作会议开局的五年，在此期间，最严格水资源管理制度得到党中央国务院高度重视，考核工作在这样的背景下启动。

1. 时代背景——最严格水资源管理制度开始实施

人多水少、水资源时空分布不均是我国的基本国情和水情，水资源短缺、水污染严重、水生态恶化等问题十分突出，已成为制约经济社会可持续发展的主要瓶颈。

随着工业化、城镇化深入发展，水资源需求将在较长一段时期内持续增长，加之全球气候变化影响，水资源供需矛盾将更加尖锐，我国水资源面临的形势将更为严峻。解决我国日益复杂的水资源问题，实现水资源高效利用和有效保护，根本上要靠制度、靠政策、靠改革。根据水利改革发展的新形势新要求，在系统总结我国水资源管理实践经验的基础上，2011 年中央一号文件和中央水利工作会议明确要求实行最严格水资源管理制度，确立水资源开发利用控制、用水效率控制和水功能区限制纳污“三条红线”，从制度上推动经济社会发展与水资源水环境承载能力相适应。

2012 年，国务院发布了《关于实行最严格水资源管理制度的意见》，进一步明确水资源管理“三条红线”的主要目标，提出了具体的管理措施和管理责任，全面部署工作任务，其中明确要求要开展实行最严格水资源管理制度的考核工作。

2. 制度安排

按照党中央、国务院关于实行最严格水资源管理制度的总体部署和要求，建立并实施水资源管理责任和考核制度，既是实行最严格水资源管理制度的重要内容，也是推动其他三项制度顺利实施、确保“三条红线”目标实现的重要保障。2013 年，国务院办公厅印发《考核办法》，明确了实行最严格水资源管理制度的责任主体与考核对象，明确了各省区市水资源管理控制目标、考核内容、奖惩措施等；2014 年，水利部等十部委联合印发《实施方案》，对考核组织、程序、内容、评分和结果使用等作出进一步细化规定。

由于《考核办法》于 2013 年初印发，因此考核工作自 2013 年度启动，2014—2016 年每年印发对上一年度开展考核的工作方案，对当年的具体考核内容、考核工作流程、评分要点、组织安排等进行具体布置。

2014 年 3 月，水利部印发《2013 年度实行最严格水资源管理制度考核工作方案》（水资源函〔2014〕56 号）。

2015 年 2 月，水利部印发《2014 年度实行最严格水资源管理制度考核工作方案》（水资源函〔2015〕59 号）。

2016 年 2 月，水利部印发《2015 年度实行最严格水资源管理制度考核工作方案》（水资源函〔2016〕50 号）。

（二）“十三五”前两年

进入“十三五”时期，水资源管理面对着新的更高要求，总结过去的经验，针对新形势和新要求，考核工作组对考核工作进行了新的设计。

1. 时代背景——十八届五中全会提出新要求

党的十八大以来，以习近平同志为总书记的党中央，把生态文明建设纳入中国特色社会主义事业“五位一体”总体布局、放到更加突出的位置，从战略和全局高度对保障国家水安全作出一系列重大决策部署，明确提出“节水优先、空间均衡、系统治理、两手发力”的新时期治水思路，对全面落实最严格水资源管理制度提出了新的更高要求。党的十八届五中全会进一步明确“实行最严格的水资源管理制度，以水定产、以水定城，建设节水型社会”的要求，赋予了最严格水资源管理制度更加深刻的内涵。

在这样的时代背景下，水资源管理工作内容、重心和要求都发生了不小的变化，开展实行最严格水资源管理制度考核工作必须跟上时代要求，针对最新情况，反映工作重点。

2. 制度安排

2014—2016 年期间完成了“十二五”期间 3 年及期末考核工作，考核结果显示，全国水资源管理控制目标基本完成，31 个省级行政区考核等级均为合格以上，落实最严格水资源管理制度取得重要进展，关键环节取得积极成效。实践表明，通过开展考核工作，特别是强化考核结果的使用，能够有效地引起地方政府及相关部门领导的重视，通过层层传导压力和动力，形成合力，有助于推动最严格水资源管理制度落实。同时，考核工作本身也备受关注、容易受到质疑，必须按照客观公平、科学合理、系统综合、求真务实的原则，制定权威、科学、高效、合理的考核方法和工作方案并抓好组织实施，这就要求工作过程中要及时进行总结，科学分析评估考核过程，不断改进完善工作。

在全面总结相关经验的基础上，水利部组织力量对考核工作实施方案进行了深入研究，会同其他八部委专门制定了“十三五”时期的考核工作实施方案，在考核内容、指标设置、指标权重、评分方式、奖惩力度等方面都进行了较大修订。2016 年 12 月 27 日，印发《“十三五”实行最严格水资源管理制度考核工作实施方案》(以下简称《“十三五”考核方案》)，作为“十三五”时期考核工作开展的重要依据。

以《考核办法》和《“十三五”考核方案》为依据，分别在 2017 年和 2018 年印发年度考核工作通知，部署开展上一年度考核工作。

2017 年 2 月 6 日，水利部印发《水利部关于开展 2016 年度实行最严格水资源管理制度考核工作的通知》(水资源函〔2017〕24 号)。

2018 年 1 月 23 日，水利部印发《水利部关于开展 2017 年度实行最严格水资源管理制度考核工作的通知》(水资源函〔2018〕

20号）。

（三）“十三五”后两年

2018年，国家机构改革完成，部门职能有了较大调整和变化，9月，中央印发文件对各类考核工作作出规范，实行最严格水资源管理制度考核工作面对着新的形势和要求。

1. 时代背景——机构改革和考核工作新要求

2018年，中共中央印发了《深化党和国家机构改革方案》，改革机构设置，优化职能配置，对包括水利部在内的多个国家部委职能进行了优化调整，给实行最严格水资源管理制度考核工作带来重大影响。

本次机构改革中，将国务院三峡工程建设委员会及其办公室、国务院南水北调工程建设委员会及其办公室两个机构并入了水利部，由水利部承担三峡工程和南水北调工程的运行管理、后续工程建设管理和移民后期扶持管理等职责。水利部调出的职能较多，包括将水资源调查和确权登记管理职责划入自然资源部，将编制水功能区划、排污口设置管理、流域水环境保护职责划入生态环境部，将农田水利建设项目等管理职责划入农业农村部，将水旱灾害防治职责、国家防汛抗旱总指挥部职责划入应急管理部。

2018年9月，中共中央办公厅印发《关于统筹规范督查检查考核工作的通知》，要求严格控制督查检查考核总量和频次，中央和国家机关各部门原则上每年搞1次综合性督查检查考核，同类事项可合并进行，涉及多部门的要联合组团开展。

2019年3月，中共中央办公厅印发《关于解决形式主义突出问题为基层减负的通知》，进一步强调考核工作要强化结果导向，考核评价一个地方和单位的工作，关键看有没有解决实际问题、群众的评价怎么样，坚决纠正机械式做法，不得随意要求基层填表报数、层层报材料，不得简单将有没有领导批示、开会发文、台账记录、工作笔记等作为工作是否落实的标准。

机构改革和中央对考核工作的新要求，给考核工作带来了重大影响，考核工作相关安排再一次面对重大调整。

2. 制度安排

在新的形势下，为贯彻落实中央对考核工作的新要求，水利部对自身主要承担的各类督查检查考核工作做了梳理，研究提出了将最严格水资源管理制度考核作为水利部每年 1 次的综合性督查检查考核，将更多内容融入到最严格水资源管理制度考核工作中来，增加了工作方案编制难度，同时还要报经中央审批同意。

在机构改革和制定新方案的复杂过程中，错过了单独开展 2018 年度考核的时间节点。2019 年 5 月，水利部印发了《关于开展 2019 年度实行最严格水资源管理制度考核工作的通知》及《2019 年度实行最严格水资源管理制度考核方案》，将 2018 年度目标任务完成情况与 2019 年度目标任务初步完成情况和措施落实情况进行了结合，在 2019 年度考核中统筹进行考核。

2020 年 8 月 6 日，水利部印发《关于开展 2020 年度实行最严格水资源管理制度考核工作的通知》（水资管函〔2020〕108 号），并以附件形式发布《2020 年度实行最严格水资源管理制度考核方案》，对 2020 年度考核工作进行了安排。

二、考核工作不断完善演进的脉络梳理

以上一节的分析为基础，通过对考核工作各个历史阶段的时代背景和具体工作安排进行梳理分析，可以发现以下演进脉络。总体来看，考核工作在考核组织、工作效率、考核成效等方面都呈现不断完善的态势。

（一）“十二五”时期：考核启动，方式和范围逐步扩大

2014 年 3 月，随着《2013 年度实行最严格水资源管理制度考

核工作方案》（水资源函〔2014〕56 号）的印发，标志着实行最严格水资源管理制度考核工作正式启动。在这第一次的考核中，试验的意味更浓一些，通过后续的 2014 年度考核和 2015 年度考核以及“十二五”期末考核，方式和范围逐步扩大。

1. 2013 年度启动考核，局部试点

2013 年度的考核工作是实行最严格水资源管理制度以来首次开展的考核工作，建立起来的考核制度尚未经过实践检验，因此，首次考核工作还担负着检验考核制度科学性的重任。2013 年度考核主要有以下几个特点。

（1）目标完成情况、制度建设和措施落实情况权重系数分别为 0.3 和 0.7。考虑到 2012 年初国务院才发布《关于实行最严格水资源管理制度的意见》，到 2013 年各地的重点工作仍是各种制度建设和推动重点措施落实方面，因此考核重心也放在了制度建设和措施落实情况方面，在分数权重方面做了专门的倾斜。

（2）选取 7 个省级行政区进行重点抽查和现场检查。首年考核并未一下子在全国 31 个省级行政区铺开，而是仅对 7 个省级行政区开展了重点抽查和现场检查，每个省级行政区分别选取了 2 个地级行政区、2 个县级行政区（从抽取的地级行政区中各选一个）、4 个重点用水户和 2 个重要江河湖泊水功能区进行实地抽查。

（3）考核结果发布时未包含新疆维吾尔自治区。经国务院审定的考核结果于 2014 年 9 月正式公布，水资源管理控制目标基本完成，30 个省（自治区、直辖市）考核等级均为合格以上，其中 4 个省（直辖市）考核等级为优秀。值得注意的是，考虑到新疆维吾尔自治区特殊的产业结构和用水情况，首年考核结果未将其列入。

2. 2014 年度扩大范围，细化要求

在 2013 年度考核工作的基础上，2014 年度考核工作进一步完善，主要表现在以下几个方面。

（1）2014 年度目标完成情况、制度建设和措施落实情况权重系数分别为 0.4 和 0.6，提高了目标完成情况在考核中所占比重。

（2）重点抽查与现场检查对象扩大为全部省级行政区（除新疆维吾尔自治区外）。

（3）在“十二五”考核实施方案基础上进一步细化了制度建设和措施落实情况的评分内容和评分标准。

3. 2015 年度全面覆盖，试点节水考核

经过两年考核工作的检验，2015 年度进一步优化考核工作安排，主要表现在以下几个方面。

（1）考核工作方案下发时间早，给地方政府的准备工作提供了更加充裕的时间。2015 年度考核工作方案在 2016 年 2 月初即印发各省，相较前两个年度有所提前，为地方政府准备自查报告和复核技术资料提供了更加充裕的时间。

（2）权重系数进一步优化调整。考虑到经过近几年的有力工作，最严格水资源管理制度相关的制度体系不断完善，各项政策措施落实情况不断改进，应当进一步强化目标完成情况所占权重。2015 年度目标完成情况、制度建设和措施落实情况权重系数调整为 0.5 和 0.5，突出了考核重点。

（3）试点开展节水考核。选择了严重缺水的北京、天津、河北、山西、内蒙古、甘肃、宁夏、新疆等 8 个省（自治区、直辖市）开展节水试考核，在实行最严格水资源管理制度考核中强化节水约束和要求。

综上，“十二五”时期，考核工作从无到有，从局部试验到全面铺开，在实践中完善考核制度，考核内容、考核指标、评分方式、分数权重等不断优化调整，最终顺利完成了考核工作，“十二五”期末考核结果由国务院对外发布。

（1）考核工作程序规范。考核工作严格按照国务院办公厅《考核办法》及水利部等十部委印发的《实施方案》有关规定，采取各地自查、技术复核与资料核查、重点抽查与现场检查等方式，综合提出考核结果并报经国务院审定同意后对外发布，考核程序较为严格，考核过程较为规范。

（2）考核指标及其权重不断优化调整。制度建设与措施落实情况相关指标考核要求和评分标准不断丰富和细化；目标考核指标、制度建设与措施落实情况指标所占分数权重根据实际需要进行动态调整；根据工作重点，适时在严重缺水地区开展节水试考核等工作的开展，契合了工作实际，有力保障了考核工作的顺利开展。

（3）考核工作逐步实现了全部省级行政区的全覆盖。从2013年度考核中仅对7个省级行政区进行重点抽查与现场检查扩大到了对所有省级行政区开展，从2013年度和2014年度考核仅发布30个省级行政区的考核成绩扩大到了发布全部31个省级行政区考核成绩，实现了对全部省级行政区考核的全覆盖。

（二）“十三五”前两年：突出各地实践创新，考核内容和指标不断丰富

为了科学指导“十三五”时期实行最严格水资源管理制度考核工作，2016年年底，水利部会同考核工作组各成员单位在总结“十二五”期间考核工作经验基础上，对考核实施方案进行了修订，印发了《“十三五”考核方案》，以该方案为引领，2016年度和2017年度考核工作顺利开展，并呈现出了更多特点：与时俱进、内容增加、权重调整、改革创新。

1. 与时俱进

《“十三五”考核方案》把落实“河长制”“水资源消耗总量和强度双控行动”“水资源用途管制制度”等中央对水资源管理的新

要求纳入考核内容并赋分，在措施落实中重点强化节水优先和水资源保护，切实贯彻了中央新时期治水思路和治水兴水重大决策部署精神，充分体现了考核方案的与时俱进，有助于进一步发挥考核的导向作用，推动中央治水兴水决策部署得到更好落实。

2. 内容增加

“十二五”《实施方案》中考核内容仅包括两项，分别是目标完成情况、制度建设和措施落实情况。“十三五”考核方案中考核内容包括 4 项，将制度建设和措施落实情况分别作为一项考核内容，进一步细化了相关要求；增加了创新奖励及其他加分事项、“一票否决”事项作为考核内容。相比“十二五”目标完成情况的 4 项考核内容，“十三五”增加了“万元国内生产总值用水量”和“重要水功能区污染物总量减排量”2 项考核指标。在制度建设情况和措施落实情况中，根据最新政策形势要求，进一步丰富和完善了考核内容。

3. 权重调整

(1) 考核内容分数权重的调整。“十二五”时期目标完成情况、制度建设和措施落实情况的分数权重并未在实施方案中明确，而是在各年度考核工作通知中予以明确，实际工作中 2013—2015 年度各年均不相同，目标完成情况权重逐年上升，到 2015 年度考核中已达 50%。“十三五”时期各项考核内容的分数权重在考核方案中就已经明确，并且大幅提高了制度建设情况和措施落实情况的分数权重，目标完成情况权重为 35%，更加契合实际工作中各项措施建设落实不够到位以及目标考核指标难以准确计量等情况。

(2) 期末考核总分各年度评分权重的调整。“十二五”期末考核评分中各年度考核得分的权重为 40%，期末年得分权重为 60%；“十三五”调整为各占 50%。

4. 改革创新

《“十三五”考核方案》创新考核方式，注重年终考核与日常监管相结合，将考核工作组成员单位组织开展的水资源管理专项监督检查、地下水压采工作考核等日常管理与考核结果纳入年度考核评分，进一步丰富了考核工作形式，增加了考核工作深度；考虑南北方地区水资源特点和差异，在多项考核指标和考核内容上区别设置考核标准和分值，进一步提升了考核的针对性、公平性和可操作性；创新考核评分方法，对水资源节约、保护、管理等方面有创新性工作及特色工作取得显著成效的地区，给予创新奖励加分，有助于激发地方深化水利改革和自主创新的积极性；对存在报送考核数据资料弄虚作假、重要饮用水水源地发生水污染事件应对不力等情况的地区实行“一票否决”，强化了考核权威性。

（三）“十三五”后两年：内容拓展，程序与方式优化

1. 2019 年度考核

由于叠加了机构改革、中央对考核工作新要求等多方面的影响，单独的 2018 年度考核工作未能开展，但这也给 2019 年度考核取得更大突破、更多创新提供了机会。2019 年 5 月，水利部印发了年度考核通知及考核方案，新形势下的考核工作就此开始，包括了以下新特点。

（1）提前下发考核方案，为地方充分适应考核新变化留足时间。2019 年度考核方案相较往年，考核内容、考核指标、考核方式等都发生了较大调整和变化，考核方案在 5 月就下发，对地方能够更准确理解考核方案，从而更好适应新变化，更好地开展考核准备工作，以及做好地方考核工作都非常有利。

（2）按照中央统筹规范督查检查考核工作有关要求，将多项水利部督查检查考核工作集中到最严格水资源管理制度考核工作中。2019 年度考核内容涵盖了节约用水管理、取用水监管、水资源保护（含地下水管理）、农村饮水安全监管、河湖管理等 5 项内容，将多项督查检查考核工作集中开展，能够在一定程度上减轻基层负担，落实了中央的新要求。

（3）更加注重日常考核，主要采用“四不两直”方式进行检查。2019 年度考核采用日常考核与终期考核相结合的方式，以日常考核为主，一定程度上改变了过去由于较多依赖终期考核，从而造成资料准备负担重、考核过程冗长、考核成绩不够公正公平等方面的问题的情况。

（4）优化了考核程序，提前了考核结果发布时间。往年考核程序一般包括自查—资料核查—现场检查与重点抽查—形成考核结果等过程，2019 年度考核方案将考核程序优化调整为检查—自查—核查与抽查—考核结果评定，将日常检查作为了考核的一个重要环节，通过明确具体的日常检查项目并通过“四不两直”方式强化检查效果，一方面能够更好督促各地做好各项重点工作，同时也提高了考核结果的准确性；另一方面还能减少自查、核查及抽查等环节的工作量，进而为更高效地完成考核工作，提前上报考核结果打下了基础，考核结果也提前到 2020 年 7 月发布，是历年来最早的。

2. 2020 年度考核

2020 年 8 月 6 日，水利部发布了《关于开展 2020 年度实行最严格水资源管理制度考核工作的通知》（水资管函〔2020〕108 号），并以附件形式发布了《2020 年度实行最严格水资源管理制度考核方案》。对比 2020 年度考核方案与 2019 年度考核方案，都是提前较长时间下发考核方案，为地方更好理解考核方案并做好相关工作提供了充足时间；整体上考核程序、组织等方面变化不大。对 2020 年考核方案的主要变化情况进行梳理，作为提出进一步做好考核工作相关建议的基础。

（1）2020年度作为期末考核年，相较2019年度考核在考核评分和考核结果应用方面有所不同。2020年度考核成绩不会单独公布，仅公布“十三五”期末考核总成绩，期末考核总分由各年度考核平均得分（不包括2020年）和2020年度考核得分加权而成，其中，2020年度考核成绩占50%；2016年度、2017年度和2019年度的考核平均成绩占50%。考核结果发布方面，2019年度考核结果在国务院审定后由考核工作组发布，而“十三五”期末考核成绩除了由考核工作组发布之外，优秀的省份将由国务院办公厅发文表彰。

（2）赋分方式增加了“减分”这一方式。对于用水总量控制目标、用水强度控制实施、取水口监管、地下水管理、重要饮用水水源保护、农村饮水安全监管等方面的考核指标，赋分采取“减分”方式，即根据发现问题的情况进行扣分。采用这一方式，注重对各地问题和不足的发现，有利于硬化考核约束，强化考核力度。

（3）根据年度工作重点，调整了多个考核指标及分数权重。如节约用水攻坚战分数权重从4分提高到了6.5分；将非常规水源利用情况作为单独一项考核指标进行考核，分数权重为1.5分；将取用水监管分数权重提高到16分；将水资源调度作为单独一项考核指标进行考核，分数权重为2分；将农村饮水安全脱贫攻坚作为约束性指标，若未完成则农村饮水安全监管这一考核类别（满分9分）得分为0，等等。

三、考核取得的成果

自2012年最严格水资源管理制度正式实施，特别是2014年开始启动考核工作以来，以考核推动制度落实，取得了较好的工作成效。

（一）总体成效

1. 用水总量得到了有效控制

实现了国务院确定的2020年用水总量控制在6700亿立方米以内的阶段性目标，并成功遏制了持续上升的势头（图3－2），用水总量在2014年之后总体呈现保持稳定略有下降趋势（其中2020年主要受新冠疫情、降水偏丰等影响，下降幅度相对较大）。

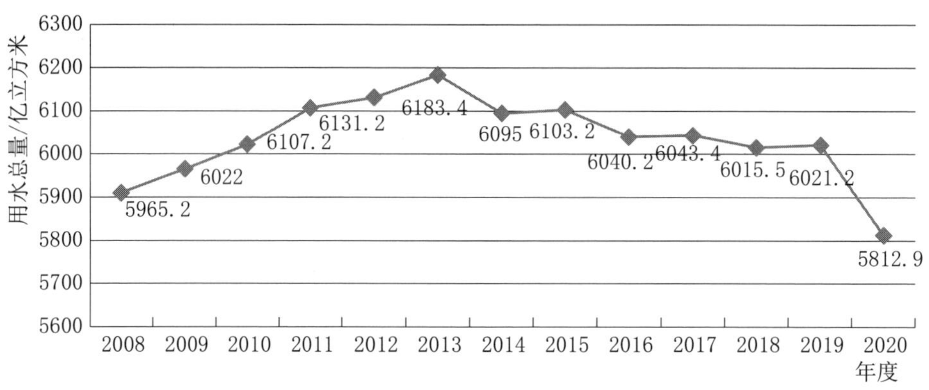

图3－2　近年来用水总量变化情况图

2. 用水效率逐年提升

2012—2020年的万元国内生产总值（GDP）用水量和万元工业增加值用水量情况分别见图3－3和图3－4。可以看出，单位经济指标的用水量持续下降，反映宏观经济及工业用水效率都在持续提高，特别是2019年全国万元国内生产总值用水量比2015年下降23.8%（按可比价计算），提前完成了到2020年下降23%的阶段性控制目标，2018年万元工业增加值用水量比2010年下降20.6%（按可比价计），提前两年完成了到2020年下降20%的阶段性控制目标。

2012—2020年的农田灌溉水有效利用系数变化情况见图3－5，可以看出农田灌溉水有效利用系数持续提高，反映农业用水效率在持续提高，特别是2018年农田灌溉水有效利用系数达到0.554，提前两年完成了到2020年达到0.550的阶段性控制目标。

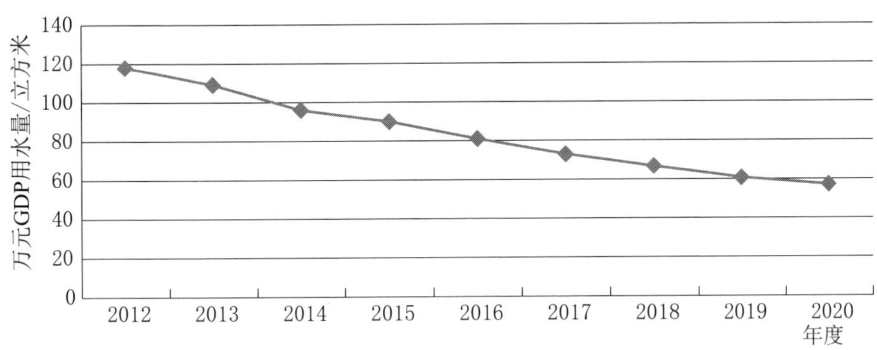

图3-3　万元国内生产总值用水量变化情况图

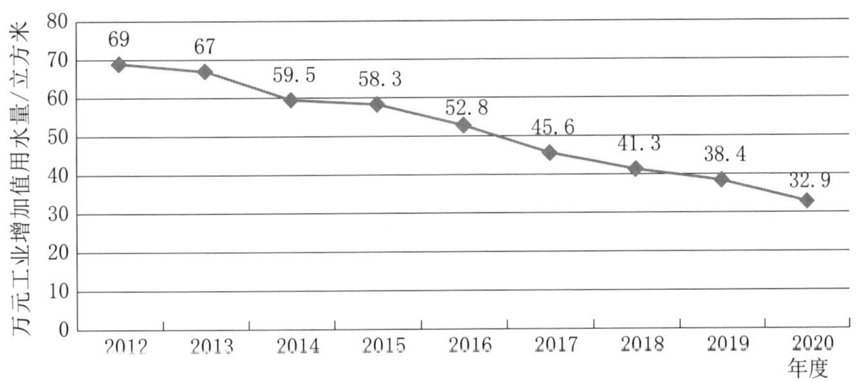

图3-4　万元工业增加值用水量变化情况图

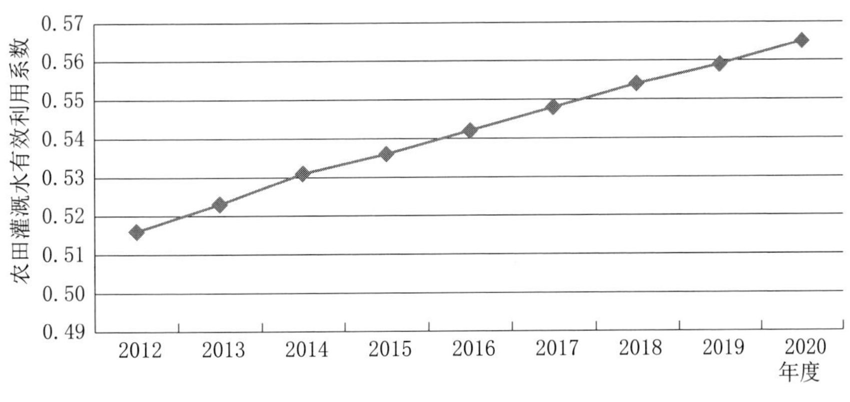

图3-5　农田灌溉水有效利用系数变化情况图

3. 重要江河湖泊水功能区水质达标率稳步提升

2012—2019 年全国重要江河湖泊水功能区水质达标率变化情况见图 3－6，整体来看，水功能区水质达标率处于稳定上升趋势。

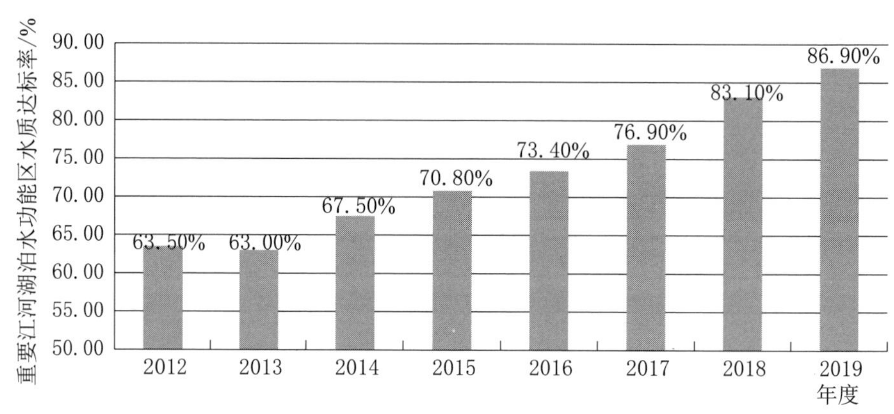

图 3－6 重要江河湖泊水功能区水质达标率变化情况图

（二）各年度考核结果

考核工作启动以来，2014—2020 年（2019 年除外）每年都公开发布上一年度或期末考核结果。

1. 2013 年度考核结果：全部合格，4 个优秀

2013 年度考核结果经国务院审定后于 2014 年 9 月正式公布（图 3－7）。考核评价结果显示，2013 年度全国水资源管理控制目标基本完成，30 个省（自治区、直辖市）（不含新疆）用水总量为 5596 亿立方米，万元工业增加值用水量比 2010 年下降 24.4%，农田灌溉水有效利用系数为 0.524，重要江河湖泊水功能区水质达标率为 63%；30 个省（自治区、直辖市）考核等级均为合格以上，其中天津、上海、江苏、山东等 4 个省（直辖市）考核等级为优秀。

2. 2014 年度考核结果：全部合格，4 个优秀

2014 年度考核结果经国务院审定后于 2015 年 9 月正式公布。考核评价结果显示，2014 年度全国水资源管理控制目标基本完

关于发布2013年度实行最严格水资源管理制度考核结果的公告

水利部 国家发展和改革委员会工业和信息化部
财政部国土资源部环境保护部 住房和城乡建设部
农业部 审计署国家统计局
2014年9月22日

根据有关规定，水利部会同发展改革委、工业和信息化部、财政部、国土资源部、环境保护部、住房城乡建设部、农业部、审计署、统计局组成了实行最严格水资源管理制度考核工作组（以下简称考核工作组），对2013年度各省、自治区、直辖市（新疆除外）落实最严格水资源管理制度情况进行了考核。考核结果已经国务院审定，现公告如下。

党中央国务院对实行最严格水资源管理制度高度重视。2011年，中共中央、国务院印发《关于加快水利改革发展的决定》，明确提出把严格水资源管理作为加快转变经济发展方式的战略举措。2012年，国务院印发《关于实行最严格水资源管理制度的意见》，对实行最严格水资源管理制度进行了全面部署。2013年，国务院办公厅印发《实行最严格水资源管理制度考核办法》（国办发〔2013〕2号），明确了考核对象、内容和程序。各省区市认真落实党中央国务院决策部署，明确分工，落实责任，综合施措，加快实施最严格水资源管理制度，取得积极进展。

考核工作组综合自查、核查、重点抽查和现场检查情况，对30个省区市（不含新疆，下同）2013年度目标完成情况、制度建设和措施落实情况进行综合评价，形成考核结果。30个省区市考核等级均为合格以上，其中天津、上海、江苏、山东4个省市考核等级为优秀。

从目标完成情况看，2013年度全国水资源管理控制目标基本完成。30个省区市用水总量为5596亿立方米，完成年度用水总量控制目标；万元工业增加值用水量比2010年下降24.4%，农田灌溉水有效利用系数为0.524，完成年度用水效率控制目标；重要江河湖泊水功能区水质达标率为63%，达到年度水功能区水质达标率控制目标。

从制度建设和措施落实情况看，实行最严格水资源管理制度体系基本建立，考核体系进一步完善，管理责任制全面落实，控制指标体系初步构建。各项水资源管理措施进一步落实，用水总量控制不断深入，用水效率控制继续加强，水功能区限制纳污进一步推进，国家水资源监控能力建设项目加快实施。制度建设和措施落实情况比2012年度有较大进展。

虽然全国最严格水资源管理制度实施取得明显进展，但部分地区在落实最严格水资源管理制度中还存在一些问题：经济发展中未充分考虑水资源条件，水环境问题仍然突出，水资源节约、保护和管理投入不足，水资源计量监控及管理支撑能力较低，水价改革难度较大。

各省区市人民政府要进一步提高对实行最严格水资源管理制度考核工作的认识，加强考核支撑手段建设，针对考核中发现的问题，切实落实改进措施，全面推进水资源管理工作。

图3-7 2013年度实行最严格水资源管理制度考核结果公告

成，全国用水总量为5513亿立方米，比上年减少83亿立方米；万元工业增加值用水量比2010年下降31.9%，降幅比上年扩大7.5个百分点；农业灌溉水有效利用系数为0.531，比上年提高0.007；重要江河湖泊水功能区水质达标率为67.5%，比上年提高4.5%；30个省（自治区、直辖市）考核等级均为合格以上，其中上海、天津、江苏、山东、浙江等5个省（直辖市）考核等级为优秀，见图3-8。

3. “十二五”期末考核结果：全部合格，5个优秀

“十二五”期末考核结果经国务院审定后于2016年11月2日

图 3-8　新华社报道 2014 年考核结果

正式公布。考核结果显示，“十二五”期末，全国 31 个省（自治区、直辖市）用水总量为 6103.2 亿立方米，比 2010 年增加了 80.9 亿立方米，完成“十二五”期末控制在 6350 亿立方米以内的目标；全国万元工业增加值用水量比 2010 年下降 36.7%，完成“十二五”期末比 2010 年下降 30%的控制目标；全国农田灌溉水有效利用系数达到 0.536，比 2010 年提高了 0.034，完成“十二五”期末 0.530 的控制目标；全国重要江河湖泊水功能区水质达标率为 70.8%，完成“十二五”期末 60%的控制目标；全国 31 个省区市“十二五”期末考核等级均为合格以上，其中山东、江苏、浙江、重庆、上海 5 个省（直辖市）考核等级为优秀。国务院办公厅印发《关于对“十二五”时期实行最严格水资源管理制度成绩突出的省级人民政府给予表扬的通报》（国办发〔2016〕79号，见图3－9），对“十二五”期末考核成绩优秀的地区给予通报表扬。

国务院办公厅关于对“十二五”时期实行最严格水资源管理制度成绩突出的省级人民政府给予表扬的通报

国办发〔2016〕79号

各省、自治区、直辖市人民政府，国务院各部委、各直属机构：

“十二五”时期，在党中央、国务院正确领导下，各地区、各部门把实行最严格水资源管理制度作为推进产业转型升级、实现经济发展方式转变的重要抓手，采取有力措施，取得显著成效。2015年，全国用水总量6103.2亿立方米，农田灌溉水有效利用系数达到0.536，万元工业增加值用水量比2010年下降36.7%，重要江河湖泊水功能区水质达标率为70.8%，均实现了“十二五”期末控制目标，为经济社会发展提供了重要支撑。

为表扬先进、宣传典型，进一步落实最严格水资源管理制度，经国务院同意，对“十二五”期间实行最严格水资源管理制度成绩突出的山东、江苏、浙江、重庆、上海5个省（市）人民政府予以通报表扬。希望受到表扬的地区珍惜荣誉，发扬成绩，再接再厉，作出新的更大贡献。

各地区、各部门要认真贯彻党中央、国务院决策部署，牢固树立创新、协调、绿色、开放、共享的发展理念，振奋精神，奋发有为，勇于担当，攻坚克难，把节约用水贯穿于经济社会发展和生态文明建设全过程，大力实施水资源消耗总量和强度双控行动，强化水资源承载能力刚性约束，促进经济发展方式和用水方式转变，更好保障经济社会持续健康发展。

国务院办公厅

2016年11月2日

图3－9 国务院办公厅对“十二五”期末考核成绩优秀省份表扬通报

4. 2016年度考核结果：全部合格，5个优秀

2016年度考核结果经国务院审定后于2017年11月17日正式对外公告（图3－10）。2016年度，各省（自治区、直辖市）积极落实决策部署，加强考核目标管控、加快完善制度建设、落实重

点工作措施、创新工作成效，全面落实最严格水资源管理制度，取得积极进展。2016年度全国31个省（自治区、直辖市）用水总量为6040.2亿立方米；万元国内生产总值用水量比2015年降低7.2%，万元工业增加值用水量比2015年降低7.6%，农田灌溉水有效利用系数达到0.542；重要江河湖泊水功能区水质达标率为73.4%。31个省（自治区、直辖市）2016年度考核等级均为合格以上，其中江苏、浙江、山东、北京、重庆5个省（直辖市）考核等级为优秀。在落实最严格水资源管理制度过程中部分地区尚存在一些问题：对水资源消耗总量和强度双控重视不够；水功能区限制纳污控制任务艰巨；水资源管理基础能力仍然较为薄弱。

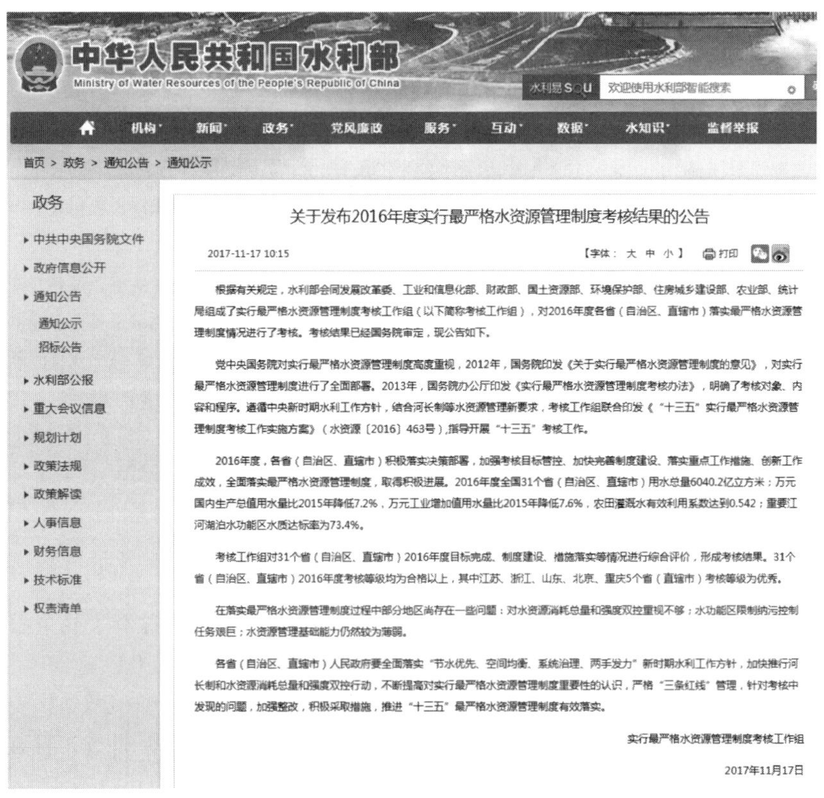

关于发布2016年度实行最严格水资源管理制度考核结果的公告

2017-11-17 10:15　【字体：大 中 小】 打印

根据有关规定，水利部会同发展改革委、工业和信息化部、财政部、国土资源部、环境保护部、住房城乡建设部、农业部、统计局组成了实行最严格水资源管理制度考核工作组（以下简称考核工作组），对2016年度各省（自治区、直辖市）落实最严格水资源管理制度情况进行了考核。考核结果已经国务院审定，现公告如下。

党中央国务院对实行最严格水资源管理制度高度重视，2012年，国务院印发《关于实行最严格水资源管理制度的意见》，对实行最严格水资源管理制度进行了全面部署。2013年，国务院办公厅印发《实行最严格水资源管理制度考核办法》，明确了考核对象、内容和程序。遵循中央新时期水利工作方针，结合河长制等水资源管理新要求，考核工作组联合印发《“十三五”实行最严格水资源管理制度考核工作实施方案》（水资源〔2016〕463号），指导开展“十三五”考核工作。

2016年度，各省（自治区、直辖市）积极落实决策部署，加强考核目标管控、加快完善制度建设、落实重点工作措施、创新工作成效，全面落实最严格水资源管理制度，取得积极进展。2016年度全国31个省（自治区、直辖市）用水总量6040.2亿立方米；万元国内生产总值用水量比2015年降低7.2%，万元工业增加值用水量比2015年降低7.6%，农田灌溉水有效利用系数达到0.542；重要江河湖泊水功能区水质达标率为73.4%。

考核工作组对31个省（自治区、直辖市）2016年度目标完成、制度建设、措施落实等情况进行综合评价，形成考核结果。31个省（自治区、直辖市）2016年度考核等级均为合格以上，其中江苏、浙江、山东、北京、重庆5个省（直辖市）考核等级为优秀。

在落实最严格水资源管理制度过程中部分地区尚存在一些问题：对水资源消耗总量和强度双控重视不够；水功能区限制纳污控制任务艰巨；水资源管理基础能力仍然较为薄弱。

各省（自治区、直辖市）人民政府要全面落实“节水优先、空间均衡、系统治理、两手发力”新时期水利工作方针，加快推行河长制和水资源消耗总量和强度双控行动，不断提高对实行最严格水资源管理制度重要性的认识，严格“三条红线”管理，针对考核中发现的问题，加强整改，积极采取措施，推进“十三五”最严格水资源管理制度有效落实。

实行最严格水资源管理制度考核工作组

2017年11月17日

图3-10　2016年度考核结果公告

5. 2017 年度考核结果：全部合格，7 个优秀

2017 年度实行最严格水资源管理制度考核结果经国务院审定后，于 9 月 5 日正式向社会公告（图 3 - 11）。考核结果显示，2017 年度，全国 31 个省（自治区、直辖市）用水总量为 6043.4 亿立方米，与上年基本持平。万元国内生产总值用水量比 2015 年降低 13.2%，万元工业增加值用水量比 2015 年降低 15.2%。农田灌溉水有效利用系数为 0.548，比上年提高 0.006。重要江河湖泊水功能区水质达标率为 76.9%，比上年提高 3.5 个百分点。31 个省（自治区、直辖市）2017 年度考核等级均为合格以上，其中江苏、山东、安徽、重庆、北京、浙江、上海 7 个省（直辖市）考核等级为优秀。

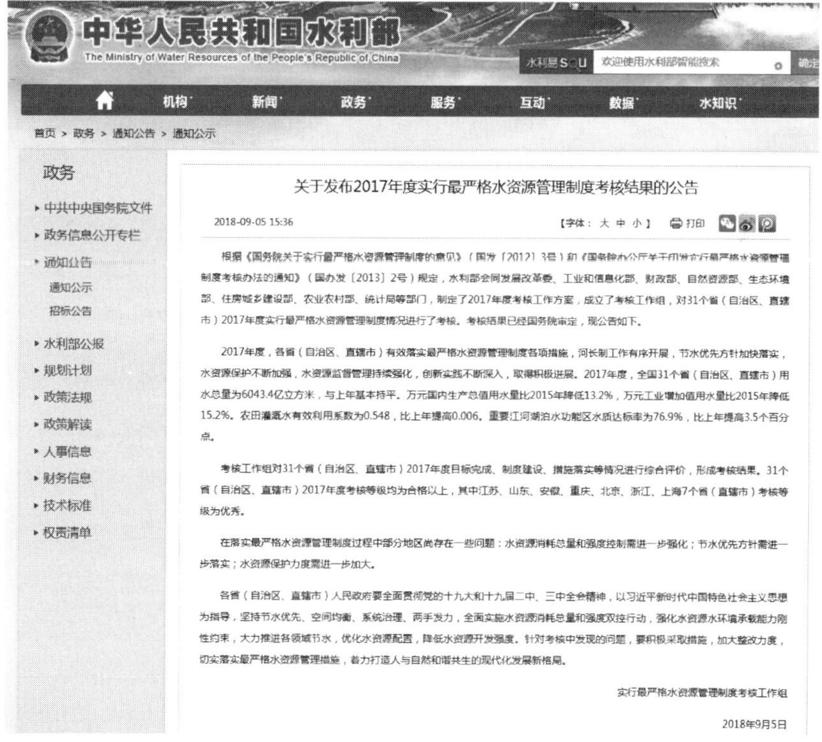

关于发布2017年度实行最严格水资源管理制度考核结果的公告

2018-09-05 15:36 【字体：大 中 小】 打印

根据《国务院关于实行最严格水资源管理制度的意见》（国发〔2012〕3号）和《国务院办公厅关于印发实行最严格水资源管理制度考核办法的通知》（国办发〔2013〕2号）规定，水利部会同发展改革委、工业和信息化部、财政部、自然资源部、生态环境部、住房城乡建设部、农业农村部、统计局等部门，制定了2017年度考核工作方案，成立了考核工作组，对31个省（自治区、直辖市）2017年度实行最严格水资源管理制度情况进行了考核。考核结果已经国务院审定，现公告如下。

2017年度，各省（自治区、直辖市）有效落实最严格水资源管理制度各项措施，河长制工作有序开展，节水优先方针加快落实，水资源保护不断加强，水资源监督管理持续强化，创新实践不断深入，取得积极进展。2017年度，全国31个省（自治区、直辖市）用水总量为6043.4亿立方米，与上年基本持平。万元国内生产总值用水量比2015年降低13.2%，万元工业增加值用水量比2015年降低15.2%。农田灌溉水有效利用系数为0.548，比上年提高0.006。重要江河湖泊水功能区水质达标率为76.9%，比上年提高3.5个百分点。

考核工作组对31个省（自治区、直辖市）2017年度目标完成、制度建设、措施落实等情况进行综合评价，形成考核结果。31个省（自治区、直辖市）2017年度考核等级均为合格以上，其中江苏、山东、安徽、重庆、北京、浙江、上海7个省（直辖市）考核等级为优秀。

在落实最严格水资源管理制度过程中部分地区尚存在一些问题：水资源消耗总量和强度控制需进一步强化；节水优先方针需进一步落实；水资源保护力度需进一步加大。

各省（自治区、直辖市）人民政府要全面贯彻党的十九大和十九届二中、三中全会精神，以习近平新时代中国特色社会主义思想为指导，坚持节水优先、空间均衡、系统治理、两手发力，全面实施水资源消耗总量和强度双控行动，强化水资源水环境承载能力刚性约束，大力推进各领域节水，优化水资源配置，降低水资源开发强度。针对考核中发现的问题，要积极采取措施，加大整改力度，切实落实最严格水资源管理措施，着力打造人与自然和谐共生的现代化发展新格局。

实行最严格水资源管理制度考核工作组

2018年9月5日

图 3 - 11 2017 年度考核结果公告

6. 2019 年度考核结果：全部合格，8 个优秀

2019 年度实行最严格水资源管理制度考核结果经国务院审定后，于 7 月 22 日正式向社会公告（图 3－12）。考核结果显示，2018 年度和 2019 年度全国 31 个省（自治区、直辖市）用水总量分别为 6015.5 亿立方米和 6021.2 亿立方米，比 2017 年度略有下降，全国万元国内生产总值用水量比 2015 年（按可比价计算）分别下降 19.2％和 23.8％，万元工业增加值用水量比 2015 年（按可比价计算）分别下降 20.6％和 27.5％，农田灌溉水有效利用系数分别为 0.554 和 0.559，重要江河湖泊水功能区水质达标率分别为 83.1％和 86.9％。31 个省（自治区、直辖市）2019 年度考核等级均为合格以上，其中江苏、上海、浙江、山东、江西、重庆、

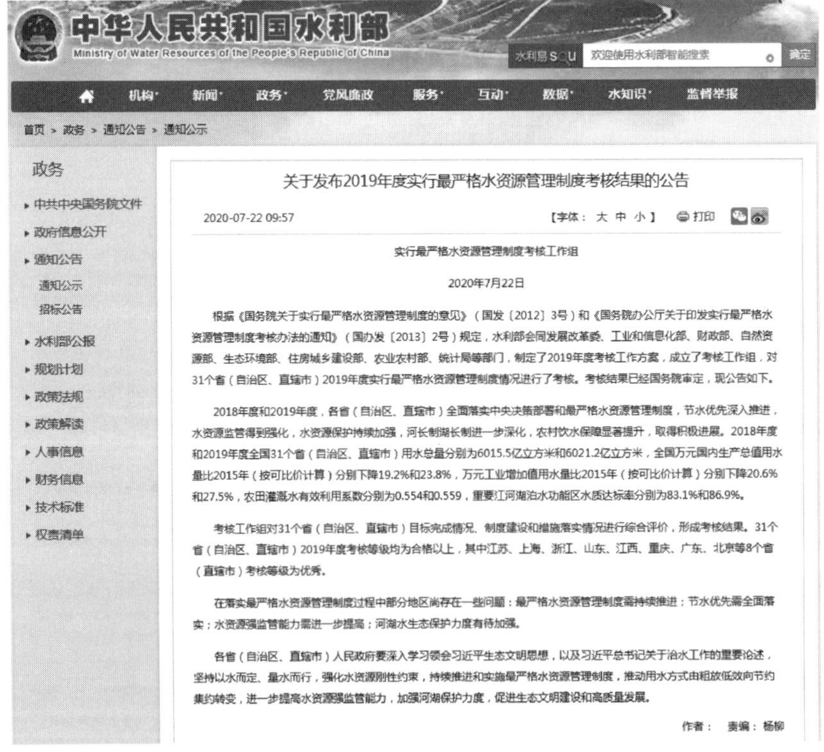

关于发布2019年度实行最严格水资源管理制度考核结果的公告

2020-07-22 09:57 【字体： 大 中 小】 打印

实行最严格水资源管理制度考核工作组

2020年7月22日

根据《国务院关于实行最严格水资源管理制度的意见》（国发〔2012〕3号）和《国务院办公厅关于印发实行最严格水资源管理制度考核办法的通知》（国办发〔2013〕2号）规定，水利部会同发展改革委、工业和信息化部、财政部、自然资源部、生态环境部、住房城乡建设部、农业农村部、统计局等部门，制定了2019年度考核工作方案，成立了考核工作组，对31个省（自治区、直辖市）2019年度实行最严格水资源管理制度情况进行了考核。考核结果已经国务院审定，现公告如下。

2018年度和2019年度，各省（自治区、直辖市）全面落实中央决策部署和最严格水资源管理制度，节水优先深入推进，水资源监管得到强化，水资源保护持续加强，河长制湖长制进一步深化，农村饮水保障显著提升，取得积极进展。2018年度和2019年度全国31个省（自治区、直辖市）用水总量分别为6015.5亿立方米和6021.2亿立方米，全国万元国内生产总值用水量比2015年（按可比价计算）分别下降19.2%和23.8%，万元工业增加值用水量比2015年（按可比价计算）分别下降20.6%和27.5%，农田灌溉水有效利用系数分别为0.554和0.559，重要江河湖泊水功能区水质达标率分别为83.1%和86.9%。

考核工作组对31个省（自治区、直辖市）目标完成情况、制度建设和措施落实情况进行综合评价，形成考核结果。31个省（自治区、直辖市）2019年度考核等级均为合格以上，其中江苏、上海、浙江、山东、江西、重庆、广东、北京等8个省（直辖市）考核等级为优秀。

在落实最严格水资源管理制度过程中部分地区尚存在一些问题：最严格水资源管理制度需持续推进；节水优先需全面落实；水资源强监管能力需进一步提高；河湖水生态保护力度有待加强。

各省（自治区、直辖市）人民政府要深入学习领会习近平生态文明思想，以及习近平总书记关于治水工作的重要论述，坚持以水而定、量水而行，强化水资源刚性约束，持续推进和实施最严格水资源管理制度，推动用水方式由粗放低效向节约集约转变，进一步提高水资源强监管能力，加强河湖保护力度，促进生态文明建设和高质量发展。

作者： 责编：杨柳

图 3－12　2019 年度考核结果公告

广东、北京等8个省（直辖市）考核等级为优秀。

7. “十三五”期末考核结果：全部合格，4个优秀

由于2020年是“十三五”期末考核年，因此2020年度考核结果并不单独发布，而是仅公布“十三五”期末考核总成绩。

9月28日，《国务院办公厅关于对“十三五”时期实行最严格水资源管理制度成绩突出的省级人民政府给予表扬的通报》（国办函〔2021〕87号，以下简称《通报》）正式向社会公开发布，见图3-13，水利部也发布了“十三五”期末实行最严格水资源管理制度考核结果，见图3-14。

索引号：	000014349/2021-00085	**主题分类：**	农业、林业、水利\水利
发文机关：	国务院办公厅	**成文日期：**	2021年09月18日
标　题：	国务院办公厅关于对“十三五”时期实行最严格水资源管理制度成绩突出的省级人民政府给予表扬的通报		
发文字号：	国办函〔2021〕87号	**发布日期：**	2021年09月28日
主题词：			

国务院办公厅关于对“十三五”时期实行最严格水资源管理制度成绩突出的省级人民政府给予表扬的通报

国办函〔2021〕87号

各省、自治区、直辖市人民政府，国务院各部委、各直属机构：

“十三五”时期，在党中央、国务院正确领导下，各地区、各部门采取有力措施，继续实行最严格水资源管理制度，节约用水、取用水监管、水资源保护、河湖管理等各项措施加快落实，取得显著成效。2020年，全国用水总量、用水效率和重要江河湖泊水功能区水质达标率均实现了“十三五”期末控制目标，为经济社会发展提供了重要支撑。

为表扬先进、宣传典型，经国务院同意，对“十三五”时期实行最严格水资源管理制度成绩突出的浙江、江苏、山东、安徽4个省人民政府予以通报表扬。希望受到表扬的地区珍惜荣誉，再接再厉，充分发挥示范引领和带动作用，取得新的更大成绩。

各地区、各部门要认真贯彻党中央、国务院决策部署，立足新发展阶段，完整、准确、全面贯彻新发展理念，构建新发展格局，全面落实“节水优先、空间均衡、系统治理、两手发力”的治水思路，强化水资源刚性约束，坚持以水定城、以水定地、以水定人、以水定产，合理规划人口、城市和产业发展，深入实施国家节水行动，促进经济社会发展方式绿色转型，为推动生态文明建设和经济社会高质量发展提供水安全保障。

国务院办公厅

2021年9月18日

图3-13 国务院办公厅对“十三五”期末考核的通报

关于发布"十三五"期末实行最严格水资源管理制度考核结果的公告

2021-09-28 17:42 【字体：大 中 小】 打印

根据《国务院关于实行最严格水资源管理制度的意见》（国发〔2012〕3号）和《国务院办公厅关于印发实行最严格水资源管理制度考核办法的通知》（国办发〔2013〕2号）规定，水利部会同发展改革委、工业和信息化部、财政部、自然资源部、生态环境部、住房城乡建设部、农业农村部、统计局等部门，制定了考核方案，成立了考核工作组，对31个省（自治区、直辖市）"十三五"期末实行最严格水资源管理制度情况进行了考核。考核结果已经国务院审定，现公告如下。

"十三五"时期，在党中央、国务院正确领导下，各地区、各部门采取有力措施，扎实推进最严格水资源管理制度实施，节约用水深入推进，取用水管理全面强化，水资源保护持续加强，河湖管理成效明显，农村饮水安全保障水平显著提升，全国用水总量、用水效率和重要江河湖泊水功能区水质达标率等控制目标全面完成，水资源节约集约和安全利用水平显著提升。2020年，全国31个省（自治区、直辖市）用水总量为5812.9亿立方米，完成了"十三五"期末控制在6700亿立方米以内的目标；万元国内生产总值用水量、万元工业增加值用水量分别比2015年下降28%、39.6%，完成了"十三五"期末分别比2015年下降23%、20%的控制目标；农田灌溉水有效利用系数为0.565，比2015年提高0.029，完成了"十三五"期末提高到0.55以上的目标；重要江河湖泊水功能区水质达标率为88.9%，比2015年提高18.1个百分点，完成了"十三五"期末提高到80%以上的控制目标。

考核工作组对31个省（自治区、直辖市）目标完成情况、制度建设和措施落实情况进行了综合评价，形成考核结果。31个省（自治区、直辖市）"十三五"期末考核等级均为合格以上，其中浙江、江苏、山东、安徽4个省考核等级为优秀，并获国务院办公厅通报表扬。

今年是"十四五"开局之年，各地区、各部门要全面落实"节水优先、空间均衡、系统治理、两手发力"的治水思路，按照党中央、国务院决策部署，强化水资源刚性约束，坚持以水定城、以水定地、以水定人、以水定产，合理规划人口、城市和产业发展，深入实施国家节水行动，扎实推进水资源节约集约和安全利用，促进经济社会发展方式绿色转型，为推动生态文明建设和经济社会高质量发展提供强有力的水安全保障。

实行最严格水资源管理制度考核工作组

2021年9月28日

图 3-14 水利部官网发布的"十三五"期末考核结果

根据《通报》，2020 年，全国用水总量、用水效率和重要江河湖泊水功能区水质达标率均实现了"十三五"期末控制目标，经国务院同意，对"十三五"时期实行最严格水资源管理制度成绩突出的浙江、江苏、山东、安徽 4 个省人民政府予以通报表扬。

根据水利部发布的考核结果，31 个省（自治区、直辖市）"十三五"期末考核等级均为合格以上，其中浙江、江苏、山东、安徽 4 个省考核等级为优秀，并获国务院办公厅通报表扬。2020 年，全国 31 个省（自治区、直辖市）用水总量为 5812.9 亿立方米，完成了"十三五"期末控制在 6700 亿立方米以内的目标；万元国内生产总值用水量、万元工业增加值用水量分别比2015年下降28%、39.6%，完成了“十三五”期末分别比2015年下降23%、20%的控制目标；农田灌溉水有效利用系数为0.565，比2015年提高0.029，完成了“十三五”期末提高到0.55以上的目标；重要江河湖泊水功能区水质达标率为88.9%，比2015年提高18.1个百分点，完成了“十三五”期末提高到80%以上的控制目标。

四、考核工作面临的新形势

1. 水利工作新要求对考核的影响

当前，我国各个领域改革进程不断加快，水利改革不断深化，习近平总书记近年来发表了一系列相关重要讲话，考核工作应当能够突出反映这些时代主题和重点工作的落实情况，在考核指标设置时应当有针对性地对党中央、国务院的最新相关决策部署和当前水资源管理重点工作等有所侧重，如总书记关于长江经济带发展、黄河流域生态保护与高质量发展、节水优先、“把水资源作为最大的刚性约束”等方面的要求，党的十九届五中全会明确的“建立水资源刚性约束制度”等，特别是要研究最严格水资源管理制度与即将建立的水资源刚性约束制度之间的衔接关系。

2. 机构改革给考核带来的影响

机构改革主要将国务院三峡工程建设委员会及其办公室、国务院南水北调工程建设委员会及其办公室两个机构并入了水利部，由水利部承担三峡工程和南水北调工程的运行管理、后续工程建设管理和移民后期扶持管理等职责。水利部调出的职能较多，包括将水资源调查和确权登记管理职责划入自然资源部，将编制水功能区划、排污口设置管理、流域水环境保护职责划入生态环境部，将农田水利建设项目等管理职责划入农业农村部，将水旱灾害防治职责、国家防汛抗旱总指挥部职责划入应急管理部。具体可见表 3-1。

表 3-1　国家机构改革各部委涉水职责调整情况

部　委	划入的水利相关职能	调整后的相关职责
水利部	国务院三峡工程建设委员会及其办公室、国务院南水北调工程建设委员会及其办公室并入水利部	承担三峡工程和南水北调工程的运行管理、后续工程建设管理和移民后期扶持管理等职责
自然资源部	水利部的水资源调查和确权登记管理职责	履行全民所有各类自然资源资产所有者职责，统一调查和确权登记
生态环境部	国土资源部的监督防止地下水污染职责，水利部的编制水功能区划、排污口设置管理、流域水环境保护职责	拟订并组织实施生态环境政策、规划和标准，统一负责生态环境监测和执法工作，监督管理污染防治
农业农村部	水利部的农田水利建设项目等管理职责	统筹研究和组织实施“三农”工作战略、规划和政策，负责农业投资管理
应急管理部	水利部的水旱灾害防治职责、国家防汛抗旱总指挥部职责	指导火灾、水旱灾害、地质灾害等防治
国家林草局	国土资源部、住房城乡建设部、水利部、农业部、国家海洋局等部门的自然保护区、风景名胜区、自然遗产、地质公园等管理职责	管理国家公园等各类自然保护地等

机构改革完成后，各个部门陆续公布了调整后的三定方案（职能配置、内设机构和人员编制规定），分析各个部门三定方案中的涉水职能，作为分析考核相关职能变化的基础。

（1）水利部。本次国家机构改革完成后，中央编办印发了水利部三定方案，对其中与最严格水资源管理制度相关的职能进行梳理。

1）负责保障水资源的合理开发利用。拟订水利战略规划和政策，起草有关法律法规草案，制定部门规章，组织编制全国水资源战略规划、国家确定的重要江河湖泊流域综合规划、防洪规划等重大水利规划。

2）负责生活、生产经营和生态环境用水的统筹和保障。组织实施最严格水资源管理制度，实施水资源的统一监督管理，拟订全国和跨区域水中长期供求规划、水量分配方案并监督实施。负责重要流域、区域以及重大调水工程的水资源调度。组织实施取水许可、水资源论证和防洪论证制度，指导开展水资源有偿使用工作。指导水利行业供水和乡镇供水工作。

3）指导水资源保护工作。组织编制并实施水资源保护规划。指导饮用水水源保护有关工作，指导地下水开发利用和地下水资源管理保护。组织指导地下水超采区综合治理。

4）负责节约用水工作。拟订节约用水政策，组织编制节约用水规划并监督实施，组织制定有关标准。组织实施用水总量控制等管理制度，指导和推动节水型社会建设工作。

5）指导水文工作。负责水文水资源监测、国家水文站网建设和管理。对江河湖库和地下水实施监测，发布水文水资源信息、情报预报和国家水资源公报。按规定组织开展水资源、水能资源调查评价和水资源承载能力监测预警工作。

6）指导水利设施、水域及其岸线的管理、保护与综合利用。组织指导水利基础设施网络建设。指导重要江河湖泊及河口的治理、开发和保护。指导河湖水生态保护与修复、河湖生态流量水量管理以及河湖水系连通工作。

从表 3－1 来看，应急管理部和国家林草局划入的涉水职能基本不涉及最严格水资源管理制度，因此本部分还是主要分析实行最严格水资源管理制度考核工作组各个成员单位在新的三定方案中的涉水职能，包括国家发展改革委、工业和信息化部、财政部、自然资源部、生态环境部、住房城乡建设部、农业农村部、国家统计局等部门。

（2）国家发展改革委。国家发展改革委三定方案中与水相关的规定主要是：推动生态文明建设和改革，协调生态环境保护与修复、能源资源节约和综合利用等工作。

（3）工业和信息化部。工业和信息化部三定方案中与水相关的规定主要是：拟订并组织实施工业、通信业的能源节约和资源综合利用、清洁生产促进政策，参与拟订能源节约和资源综合利用、清洁生产促进规划，组织协调相关重大示范工程和新产品、新技术、新设备、新材料的推广应用。与最严格水资源管理制度密切相关的包括推进工业领域的节水管理和技术改造、水资源循环利用和废水处理回用等都属于工业和信息化部职能。此外，发布工业相关统计信息（影响万元工业增加值用水量降幅指标）也属于工业和信息化部职能。

（4）财政部。财政部三定方案中与水相关的规定主要是：负责办理和监督中央财政的经济发展支出、中央政府性投资项目的财政拨款，参与拟订中央基建投资有关政策，制定基建财务管理制度。与最严格水资源管理制度密切相关的包括水利建设、水资源节约保护等方面的部门预算和相关领域预算支出、财政政策建议等有关工作职能都属于财政部职能。

（5）自然资源部。自然资源部三定方案中与水相关的规定主要是：履行全民所有土地、矿产、森林、草原、湿地、水、海洋等自然资源资产所有者职责和所有国土空间用途管制职责；拟订自然资源和国土空间规划及测绘、极地、深海等法律法规草案，制定部门规章并监督检查执行情况；制定自然资源调查监测评价的指标体系和统计标准，建立统一规范的自然资源调查监测评价制度；实施自然资源基础调查、专项调查和监测；负责自然资源调查监测评价成果的监督管理和信息发布；制定全民所有自然资源资产划拨、出让、租赁、作价出资和土地储备政策，合理配置全民所有自然资源资产；监督管理地下水过量开采及引发的地面沉降等地质问题。

（6）生态环境部。生态环境部三定方案中与水相关的规定主要是：会同有关部门编制并监督实施重点区域、流域、海域、饮用水水源地生态环境规划和水功能区划；确定大气、水、海洋等纳污能力；会同有关部门监督管理饮用水水源地生态环境保护工作；会同有关部门统一规划生态环境质量监测站点设置，组织实施生态环境质量监测；组织对生态环境质量状况进行调查评价、预警预测。与最严格水资源管理制度密切相关的职能包括水功能区划及其管理、监测，入河湖排污口监督管理，饮用水水源地保护等。

（7）住房城乡建设部。住房城乡建设部三定方案中与水相关的规定主要是：研究拟订城市建设的政策、规划并指导实施，指导城市市政公用设施建设、安全和应急管理；指导城市供水、节水等工作。与最严格水资源管理制度密切相关的职能包括城市供水、节水工作。

（8）农业农村部。农业农村部三定方案中与水相关的规定主要是：指导节水农业发展，负责农业投资管理，设有农田建设管理司，承担农业综合开发项目、农田整治项目、农田水利建设项目管理工作。与最严格水资源管理制度密切相关的职能为节水农业发展工作。

（9）国家统计局。国家统计局与最严格水资源管理制度密切相关的职能包括：组织实施全国及省（自治区、直辖市）国民经济核算制度和全国投入产出调查，核算全国及省（自治区、直辖市）国内生产总值。

针对水利部，表 3－2 中将 2008 年和 2018 年水利部的三定方案进行了梳理，并对比分析了最严格水资源管理制度相关职能变化情况。

表 3-2　　2008 年与 2018 年水利部三定方案中的相关职责对比及调整情况

分类	2008 年版三定方案	2018 年版三定方案	职能变化情况
负责保障水资源的合理开发利用	拟订水利战略规划和政策，起草有关法律法规草案，制定部门规章，组织编制国家确定的重要江河湖泊的流域综合规划、防洪规划等重大水利规划	拟订水利战略规划和政策，起草有关法律法规草案，制定部门规章，组织编制全国水资源战略规划、国家确定的重要江河湖泊流域综合规划、防洪规划等重大水利规划	增加了组织编制全国水资源战略规划职能
负责生活、生产经营和生态环境用水的统筹和保障	实施水资源的统一监督管理，拟订全国和跨省（自治区、直辖市）水中长期供求规划、水量分配方案并监督实施，组织开展水资源调查评价工作，按规定开展水能资源调查工作，负责重要流域、区域以及重大调水工程的水资源调度，组织实施取水许可、水资源有偿使用制度和水资源论证、防洪论证制度。指导水利行业供水和乡镇供水工作	组织实施最严格水资源管理制度，实施水资源的统一监督管理，拟订全国和跨区域水中长期供求规划、水量分配方案并监督实施。负责重要流域、区域以及重大调水工程的水资源调度。组织实施取水许可、水资源论证和防洪论证制度，指导开展水资源有偿使用工作。指导水利行业供水和乡镇供水工作	明确了组织实施最严格水资源管理制度职能；水资源调查评价工作调整到水文工作
指导水资源保护工作	组织编制水资源保护规划，组织拟订重要江河湖泊的水功能区划并监督实施，核定水域纳污能力，提出限制排污总量建议，指导饮用水水源保护工作，指导地下水开发利用和城市规划区地下水资源管理保护工作	组织编制并实施水资源保护规划。指导饮用水水源保护有关工作，指导地下水开发利用和地下水资源管理保护。组织指导地下水超采区综合治理	水功能区相关职能纳入生态环境部；强化了地下水资源管理保护职能

续表

分类	2008 年版三定方案	2018 年版三定方案	职能变化情况
负责节约用水工作	拟订节约用水政策，编制节约用水规划，制定有关标准，指导和推动节水型社会建设工作	拟订节约用水政策，组织编制节约用水规划并监督实施，组织制定有关标准。组织实施用水总量控制等管理制度，指导和推动节水型社会建设工作	强化了节约用水职能
指导水文工作	负责水文水资源监测、国家水文站网建设和管理，对江河湖库和地下水的水量、水质实施监测，发布水文水资源信息、情报预报和国家水资源公报	负责水文水资源监测、国家水文站网建设和管理。对江河湖库和地下水实施监测，发布水文水资源信息、情报预报和国家水资源公报。按规定组织开展水资源、水能资源调查评价和水资源承载能力监测预警工作	增加了水资源调查评价及水资源承载能力监测预警工作职能
指导水利设施、水域及其岸线的管理、保护与综合利用	指导大江、大河、大湖及河口、海岸滩涂的治理和开发，指导水利工程建设与运行管理，组织实施具有控制性的或跨省（自治区、直辖市）及跨流域的重要水利工程建设与运行管理	组织指导水利基础设施网络建设。指导重要江河湖泊及河口的治理、开发和保护。指导河湖水生态保护与修复、河湖生态流量水量管理以及河湖水系连通工作	明确了水生态保护与修复、生态流量等职能
职能调整与转变	加强水资源的节约、保护和合理配置，保障城乡供水安全，促进水资源的可持续利用	水利部应切实加强水资源合理利用、优化配置和节约保护。坚持节水优先，从增加供给转向更加重视需求管理，严格控制用水总量和提高用水效率。坚持保护优先，加强水资源、水域和水利工程的管理保护，维护河湖健康美丽。坚持统筹兼顾，保障合理用水需求和水资源的可持续利用，为经济社会发展提供水安全保障	进一步突出了水利部的水资源统一监管职责，强化了节水、水资源保护和保障水安全方面的要求

1）突出强调了水利部的水资源统一监管职能。在 2018 年水利部三定方案中，明确强调了水利部职能转变的方向是切实加强水资源合理利用、优化配置和节约保护，要坚持节水优先、保护优先、统筹兼顾，切实保障水安全。从更高层面进一步突出强调了水利部的水资源统一监督管理职能。

2）明确了水利部承担组织实施最严格水资源管理制度职能。最严格水资源管理制度作为 2011 年中央一号文件提出的重大制度，在 2008 年水利部三定方案中自然没有提及，在 2018 年水利部三定方案中明确提出了“组织实施最严格水资源管理制度”的职责，这也为水利部门牵头组织各个相关部门共同开展最严格水资源管理制度考核工作提供了依据。

3）根据形势要求，强化了节水、地下水管理、水生态保护、“四定”等方面的职能。相对 2008 年三定方案，新的三定方案紧密结合中央要求和形势变化，进一步强化了水利部在节约用水、地下水资源管理保护、水生态保护、水资源承载能力监测预警等方面的工作职能。

4）对部分部门间交叉职能进行了调整。①按照国家机构改革的要求，将组织拟订重要江河湖泊的水功能区划并监督实施、核定水域纳污能力、提出限制排污总量建议、指导入河排污口设置工作等职能划出至生态环境部；②按照国家机构改革的要求，水利部的水资源调查职责要划入自然资源部，但是在三定方案中，水利部依然保留了“按规定组织开展水资源、水能资源调查评价”的职责，而在自然资源部三定方案中也有“开展水、森林、草原、湿地资源和地理国情等专项调查监测评价工作”的规定，存在一定交叉。

按照机构改革后各个部委的最新职责情况，分析“十三五”考核实施方案中各项主要考核内容对应的部委职责，具体见表

3－3。

表 3－3　国家机构改革前后各项考核内容对应部门情况

考核内容	考核指标	职能所属部门	
		改革前	改革后
目标完成情况	用水总量	水利部门	水利部门
	万元 GDP 用水量降幅	水利、统计、发展改革部门	水利、统计、发展改革部门
	万元工业增加值用水量降幅	水利、工业和信息化部门	水利、工业和信息化部门
	农田灌溉水有效利用系数	水利部门	水利、农业农村部门
	重要江河湖泊水功能区水质达标率	水利、环保部门	生态环境部门
	重要水功能区污染物总量减排量	水利、环保部门	生态环境部门
制度建设情况	河长制度	地方政府	地方政府
	取水许可与水资源论证制度	水利部门	水利部门
	水资源用途管制制度	水利部门	水利部门
	地下水管理和保护制度	水利、国土部门	水利、自然资源、生态环境部门
	用水定额、计划用水和节水管理制度	水利、农业、工业和信息化、发展改革部门	水利、农业农村、工业和信息化、发展改革部门
	水价和水资源费制度	水利、发展改革、财政部门	水利、发展改革、财政部门
	水功能区划及相关管理制度	水利部门	生态环境部门
	重要饮用水水源地安全评估制度	水利、环保部门	水利、生态环境部门
	水资源管理考核制度	地方政府	地方政府

续表

考核内容	考核指标	职能所属部门	
		改革前	改革后
措施落实情况	节水优先	水利、农业、工业和信息化、住房城乡建设、发展改革部门	水利、农业农村、工业和信息化、住房城乡建设、发展改革部门
	水资源保护	水利、环保部门	水利、生态环境部门
	监督与管理	水利、环保部门	水利、生态环境、自然资源等部门
	基础能力	地方政府、水利部门	地方政府、水利部门

（1）目标完成情况。用水总量指标主要由水利部门负责；万元 GDP 用水量降幅指标涉及多个部门职责，水利部门负责用水总量，统计部门负责统计 GDP 数据，发展改革部门负责谋划地区发展方向和布局，降低单位 GDP 用水量是其重要职责；万元工业增加值用水量降幅指标涉及水利部门和工业和信息化部门；农田灌溉水有效利用系数涉及水利和农业农村部门；重要江河湖泊水功能区水质达标率和重要水功能区污染物总量减排量主要由生态环境部门负责。

（2）制度建设情况。制度建设共包括九个方面内容，其中河长制度、水资源管理考核制度是必须由地方政府直接落实的，其具体工作由水利部门牵头推进；取水许可与水资源论证制度、水资源用途管制制度主要由水利部门来推动落实；地下水管理和保护制度主要由水利、自然资源、生态环境三个部门负责；用水定额、计划用水和节水管理制度主要由水利、农业农村、工业和信息化、发展改革等部门负责；水价和水资源费制度主要由水利、发展改革、财政部门负责；水功能区划及相关管理制度主要由生态环境部门负责；重要饮用水水源地安全评估制度主要由水利和生态环境部门负责。

（3）措施落实情况。措施落实情况主要包括节水优先、水资源保护、监督与管理、基础能力等四类措施落实情况，其中节水优先主要由水利、农业农村、工业和信息化、住房城乡建设、发展改革等部门负责；水资源保护主要由水利、生态环境部门负责；监督与管理主要由水利、生态环境、自然资源等部门负责；基础能力中考核结果纳入政府主要领导考核评价由地方政府直接落实，其他方面主要由水利部门负责。

从表3-3可以看出，机构改革前后考核内容对应部门的变化主要有以下三个方面：

（1）部分考核职责更加分散。目标完成情况中的农田灌溉水有效利用系数主要由水利部门负责调整为由水利和农业农村部门共同负责，主要原因是农田水利建设和田间节水工程等职能调整为农业农村部门负责。制度建设情况中的地下水管理和保护制度由水利和国土部门负责调整为由水利、自然资源、生态环境三部门负责，主要原因是监督防止地下水污染职责调整到了生态环境部门。机构改革后，自然资源部有监督管理地下水过量开采的职责，生态环境部负责全国地下水污染防治和生态保护的监督管理，水利部有指导地下水开发利用和地下水资源管理保护、组织指导地下水超采区综合治理的职责。措施落实情况中的监督与管理由水利和国土部门负责调整为由水利、自然资源、生态环境三部门负责，主要原因是监督与管理包括地下水管理、水功能区监管等内容，其中监督防止地下水污染职责由国土部门调整到了生态环境部门，导致这项职责部门分工更为分散。

（2）部分考核职责更加集中。目标完成情况中重要江河湖泊水功能区水质达标率和重要水功能区污染物总量减排量两项指标由水利和环保部门共同负责调整为生态环境部门主要负责，主要原因是水功能区相关职能由水利部门和环保部门共同职责调整为环保部门主要负责。

（3）职能从某一部门调整为另一部门。主要是制度建设中的水功能区划及相关管理制度由水利部门主要负责调整为主要由生态环境部门负责。

本次机构改革后，考核内容的责任部门总体上趋向于分散化、外部门化（相对于水利部门），由于组织实施最严格水资源管理制度具体由水利部门负责，因此带来的影响是多方面的。

（1）水利部门必须更多地发挥牵头组织作用。考核工作涉及部门较多，但是又必须有一个牵头部门，组织各相关部门一起搞好考核工作，中央赋予了水利部组织实施最严格水资源管理制度的职责，水利部及各地水利部门要切实发挥好牵头组织作用。

（2）考核方案中应当进一步明确不同部门职责。考核工作涉及部门较多，必须将各部门的具体职责明确到制度文件中，同时明确相应问责机制。

（3）考核工作中要明确部门分工。在考核工作中，应当明确各部门参与考核工作的具体分工，切实体现考核对象是地方政府的定位，推动考核效果的发挥。

3. 中央关于考核工作的新要求

近年来，上级对下级开展的督查检查考核等工作，部分出现了名目繁多、频率过高、多头重复、重留痕轻实绩等问题，导致地方和基层应接不暇、不堪重负。为了切实解决这些“形式主义”“官僚主义”的问题，中央专门印发文件[1]，规范督查检查考核工作。对考核工作的主要影响体现为以下方面。

---

[1] 2018年9月中共中央办公厅印发《关于统筹规范督查检查考核工作的通知》，2019年3月中共中央办公厅印发《关于解决形式主义突出问题为基层减负的通知》。

（1）以往水利部门内部多种类型的督查检查考核可能需要整合形成一项综合性的督查检查考核。实行最严格水资源管理制度考核工作作为水利部门牵头的一项考核工作，本身就涉及水利部内部多部门职能，具有一定综合性。按照中央要求，一个部门原则上每年只搞1次综合性督查检查考核工作，因此实行最严格水资源管理制度考核工作适于整合水利部部门内部更多相关领域的督查检查考核工作，形成符合中央要求的水利部门综合性督查检查考核工作体系。

（2）若实行最严格水资源管理制度考核工作成为水利部门的综合性督查检查考核工作，由于考核工作又涉及多部门职责，需要进一步加强部门间协调。按照国务院对实行最严格水资源管理制度考核工作的相关要求，考核工作由水利部门牵头，多部门共同参与。若按照中央要求，考核工作成为水利部的综合性督查检查考核工作，就会涵盖更多水利部门的职责，此时相较以往，如何更好地与其他部门协调开展考核工作，就会更加凸显其中的难度。应当在考核方案编制、考核工作组织安排、考核开展、考核结果审定等方面加强部门间沟通协商力度。

（3）实行最严格水资源管理制度考核工作的考核内容、考核指标、评价方式等面对着更高的要求。实行最严格水资源管理制度考核工作以往工作中确实部分存在中央文件中揭露出的问题，如一定程度上通过核查地方有没有领导批示、开会发文、台账记录、工作笔记等来判断工作效果。当前，中央对考核工作的开展方式提出了明确要求，考核评价一个地方和单位的工作，关键要看有没有解决实际问题、群众的评价怎么样，因此在考核方案制定、考核组织开展、考核结果评定等方面要切实改变工作方式，严格按照中央要求，在切实为基层减负的同时，提升考核效率和结果的准确性。

4. 新型冠状病毒肺炎疫情带来的新挑战

2020 年突如其来的严峻疫情，严重影响了整个社会的运行，在常态化的疫情防控要求下，很多传统的工作方式需要进行调整。

(1) 减少人员聚集，要求精简非必要的会议活动。国务院明确要求，减少非必要的聚集性活动，减少参加聚集性活动的人员，这就要求精简考核工作中的非必要会议，并尽可能通过视频会议等方式举办。

(2) 不可预知的局部出现的疫情，可能会影响考核工作的部署和开展。我国疫情防控工作从应急状态转为常态化后，不同地区多次出现局部疫情，当地立即采取严格的防控措施，切断非紧急的人员流动。若遇到这种情况，考核工作势必会受到一定影响。

(3) 疫情的反复可能会给考核工作人员带来一定心理压力。新型冠状病毒传染性强，引发了世界范围的大暴发，我国疫情防控虽然取得了举世卓绝的成就，但是仍然未能完全消灭病毒。在这种背景下，无论是考核工作组还是地方被考核单位的工作人员难免会有部分人产生心理压力，对聚集性活动、公务出差等有抵触情绪，这也会在一定程度上影响考核工作的开展。

第四章

部分省份最严格水资源管理考核工作开展情况

按照国发 3 号文和《考核办法》的规定，国务院对各省（自治区、直辖市）落实最严格水资源管理制度情况进行考核。各省（自治区、直辖市）为了更好落实最严格水资源管理制度，也开展了本行政区域范围内的考核工作。为进一步掌握和了解考核各阶段工作开展情况以及部分省份内部考核的特色做法，选择部分省份开展了具体调研，本章将对这些地区“十二五”和“十三五”期间考核工作开展情况和具体表现进行梳理分析。

一、“十二五”期间部分省份考核丌展情况

对四个省份“十二五”期间在考核组织及程序、考核实施过程、考核数据、评分情况、考核结果及其应用情况等方面的做法和表现进行了梳理，并以此为基础，分析了考核结果发布及应用等方面存在的突出问题。

（一）考核组织及程序

按照国务院办公厅印发的《考核办法》及水利部等十部委印发的《实施方案》有关规定，“十二五”期间考核工作采取各地自查、技术复核与资料核查、重点抽查与现场检查等方式，综合提出考核结果并报经国务院审定同意后对外发布，考核程序较为严

格，考核过程较为规范。

在考核期内，调研的四个省份均在各年度的2月份开展工作，各省水利厅联合其他相关部门印发了本地区年度考核的工作方案，开展对市（州）和省直管县年度实行最严格水资源管理制度情况的考核工作。同时，将各地在考核中暴露的问题进行梳理后，发送至各地政府，并要求按期整改到位。

（二）自查及抽查阶段的实施

自查阶段，四省人民政府编写自查报告，总结分析目标完成、制度建设与措施落实核查情况，说明核查的扣分原因和存在问题，提供各项指标的具体评分情况，形成核查评价初步结果，并针对有关问题提出重点抽查与现场检查的相关建议，于3月底前将本地区上一年度的自查报告上报国务院，并抄送水利部等考核工作组成员单位。

现场检查工作先是对省级层面资料抽查与核实，对自查核查工作中的存疑事项进一步核实，再是对市县级层面进行抽查与现场检查，分别从四省选取2个地级行政区、2个县级行政区（从抽取的地级行政区中各选一个）、4个重点用水户和2个重要江河湖泊水功能区（饮用水水源地）进行实地抽查，并对当地的重点用水户取水水量和用水效率情况、水功能区监督管理状况等进行实地检查，核实相关情况和数据。检查工作组综合自查、核查和抽查结果，提出各省级行政区年度获期末考核评分和等级建议，形成年度或期末考核报告。

（三）考核数据与结果分析

结合调研所获取的资料，对四省实行最严格水资源管理制度2015年度及“十二五”期末考核结果和有关数据进行系统分析，并搜集整理统计、工业、农业、环境等部门或机构的相关统计、调查数据和研究成果开展对比分析，查找区别，分析原因。

1. “三条红线”指标完成情况

(1)“三条红线”指标目标完成情况。“三条红线”指标包括用水总量、万元工业增加值用水量、农田灌溉水有效利用系数、重要江河湖泊水功能区水质达标率。从四省情况来看,“三条红线”指标目标全面完成。

1) 四省2015年用水总量均控制在计划用水量范围内。如表4-1所列,四省中S省的用水总量占计划用水量的比重最高,将近90%,其余三省2015年年末用水总量占计划用水总量都在8成左右。

表4-1 四省期末考核计划用水量与用水总量

省份	计划用水量/亿立方米	用水总量/亿立方米	用水总量占计划用水量比重/%
G省	117.35	95.41	81.30
H省	260	211.28	81.26
S省	102	91.16	89.37
Y省	184.88	147.51	79.79

2) 四省2015年万元工业增加值用水量降幅明显。以2010年万元工业增加值用水量为基准,四省2015年较2010年降幅在34.8%~61.7%之间(图4-1),全部达到万元工业增加值用水量控制目标。

3) 农田灌溉水有效利用系数达到控制要求。四省农田灌溉水有效利用系数控制目标分别为0.446、0.600、0.550、0.445,四省期末农田灌溉有效利用系数分别为0.451、0.601、0.556、0.450,均达到国务院规定的“十二五”期末各省控制目标。

4) 重要江河湖泊水功能区水质达标率均超过目标要求。如表4-2所列,四省重要江河湖泊水功能区水质控制效果很好,水质达标率全部超出国务院规定的“十二五”期末控制目标。

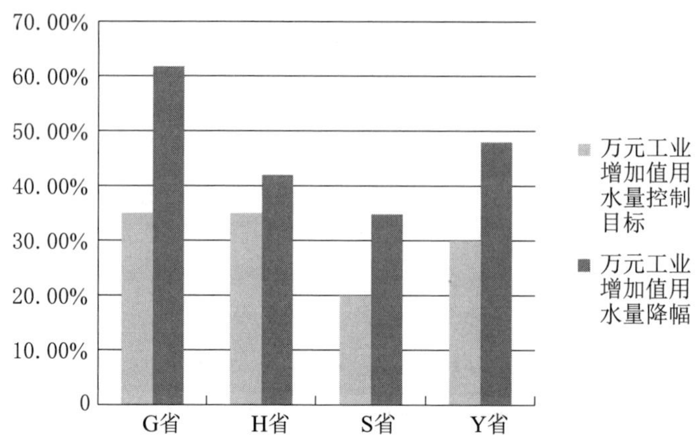

图 4-1　四省 2015 年末万元工业增加值用水量控制目标与完成情况对比

表 4-2　四省期末重要江河湖泊水功能区水质达标率完成情况

省份	重要江河湖泊水功能区水质达标率目标/%	重要江河湖泊水功能区水质达标率/%
G 省	77.00	82.70
H 省	56.00	63.20
S 省	69.00	75.30
Y 省	75.00	83.80

（2）各指标期末与期初变化程度。为更直观地了解“十二五”期间最严格水资源管理制度执行效果，将 2010 年四省用水总量与万元工业增加值用水量与 2015 年的数据进行了对比，如表 4-3 所列。从用水总量来看，四省全年用水总量规模控制有力，在经济社会用水需求日益增长的条件下，S 省用水总量小幅提升，Y 省全年用水总量维持稳定，G 省和 H 省“十二五”期末的用水总量低于期初水平。从工业用水效率来看，“十二五”期末四省万元工业增加值用水量较期初都有大幅下降，G 省 2015 年万元工业增加值用水量不到 2010 年三分之一，降幅最大；H 省和 Y 省两省

降幅接近5成；S省由于期初的工业用水效率比较高，降幅不如其他三省大，但绝对水平仍是四省中工业用水效率最高的。

表4-3　　　四省期末考核目标指标完成情况

指　标	G省	H省	S省	Y省
2010年用水总量/亿立方米	101.4	224.6	83.4	147.5
2015年用水总量/亿立方米	95.41	211.28	91.16	147.51
2010年万元工业增加值用水量/立方米	226	46	26	98
2015年万元工业增加值用水量/立方米	71.8	26.7	17.25	51

2. 其他来源数据对比分析

通过搜集整理国家统计局以及四省统计局、环保厅等有关部门2015年的相关统计、调查数据和研究成果，与考核结果进行对照，分析考核指标数据、概念、口径、范围等方面的联系与区别。

（1）相关数据来源说明。按照最严格水资源管理制度考核指标的相关性及数据的可获得性，甄选《中国统计年鉴》、2015年国民经济和社会发展统计公报、分省2015年国民经济和社会发展统计公报、分省2015年环境状况公报等资料，与四省自查目标完成情况指标进行比对分析。考虑资料的获得情况，研究中仅针对用水总量、万元工业增加值用水量和重要江河湖泊水功能区水质达标率等3个指标进行了分析。

1）用水总量。实行最严格水资源管理制度考核工作中用水总量数据依据《用水总量统计方案（试行）》（办资源〔2014〕57号）进行统计，统计范围为中华人民共和国境内的各类经济社会用水，指包括输水损失在内的河道外用水量之和，包括农业用水、工业用水、生活用水、生态环境补水四类。

中国统计年鉴中与用水总量有关的篇章主要是第八部分资源和环境一篇，该篇主要反映我国自然资源状况和环境保护事业发展情况。自然资源包括土地状况、水资源、森林资源、矿产资源和气象等。“供水用水情况”中有用水总量指标，分为农业、工业、生活、生态四类用水情况。指标数据由水利部提供，因此《中国统计年鉴》中用水总量与水资源公报中数据一致。

2）万元工业增加值用水量。万元工业增加值用水量指产生每万元工业增加值所取用的水量。其计算公式为：万元工业增加值用水量＝报告期间内工业用水总量÷报告期工业增加值×100％（报告期一般为一年）。按照考核工作统一要求，各省采用的报告期工业增加值按照2010年不变价计算。

在计算比较数据时采用各省自查报告中工业用水量，及分省2015年国民经济和社会发展统计公报中全工业增加值数据进行计算。2015年分省全工业增加值由四省统计局统计，按绝对数以现价计算，并根据第三次全国经济普查结果和国家统计局2012年制定的《三次产业划分规定》对相关数据进行了修正，进行比较时换算成2010年不变价计算。

3）重要江河湖泊水功能区水质达标率。按照考核工作部署的要求，重要江河湖泊水功能区水质达标率数据依据《全国重要江河湖泊水功能区达标评价技术方案》（办资源〔2014〕54号）测算和统计，其中水功能区水质达标评价内容包括水功能区全因子达标评价和水功能区限制纳污红线主要控制项目达标评价两部分。近期水功能区限制纳污红线主要控制项目为高锰酸钾（或COD）和氨氮。

各省2015年环境状况公报中均包括水环境质量部分，相关数据是按照《环境保护部办公厅关于印发〈地表水环境质量评价办法（试行）〉的通知》（环办〔2011〕22号）的要求，对地表水环境质量21项监测因子进行评价。环境状况公报以国家环境监测数据为主，同时吸收了相关部委提供的环境状况数据。

（2）数据对比分析。

1）用水总量。根据统计年鉴数据，2015年G省用水总量为97.5亿立方米，Y省用水总量为150.1亿立方米，S省用水总量为91.2亿立方米，H省用水总量为222.8亿立方米，均略高于四省考核数据。从表4-4中可以看到G省、Y省、S省用水总量自查结果与年鉴数据非常接近，H省年鉴数据比考核数据高出5.45%。

表4-4　　四省用水总量数据不同来源对比

省份	统计年鉴/亿立方米	自查结果/亿立方米	差距比例/%
G省	97.5	95.41	2.19
Y省	150.1	147.51	1.76
S省	91.2	91.16	0.04
H省	222.8	211.281	5.45

2）万元工业增加值用水量。采用Y省、S省、H省2015年国民经济和社会发展统计公报中全工业增加值，G省由于未能获得全工业增加值数据，采用的是规模上工业增加值数据，按2010年不变价进行换算，最终计算得出G省的万元工业增加值用水量为66.5立方米，Y省的万元工业增加值用水量为54.2立方米，S省的万元工业增加值用水量为17.2立方米，H省的万元工业增加值用水量为26.2立方米。与四省考核数据进行比对发现，如图4-2所示，S省、H省数据基本一致，Y省万元工业增加值用水量经计算所得略高于自查数据，而G省略低于自查数据。与2015年全国万元工业增加值用水量58立方米/万元的水平相比，经计算仅G省数据高于全国水平，其他三省均低于全国万元工业增加值用水量。

3）重要江河湖泊水功能区水质达标率。由于环境保护部发布的分省环境状况公报与自查报告中采用的水功能区水质达标率的评价体系不同，难以直观进行比对，因此采用模糊比较法，即将

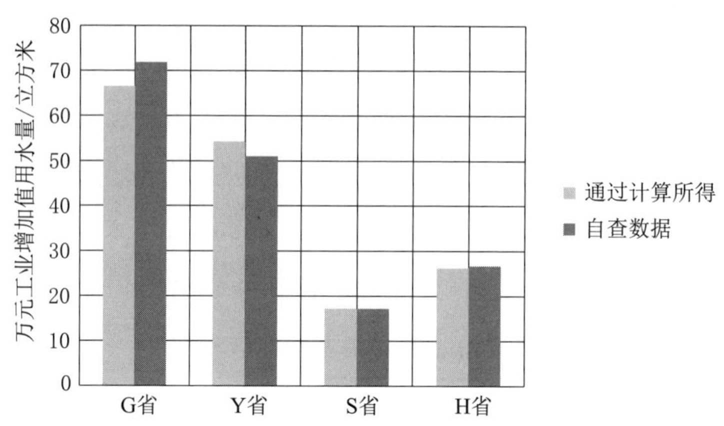

图 4-2　四省万元工业增加值用水量数据不同来源对比

断面监测中轻度污染以上的断面（Ⅲ类标准水质以上断面）占比与水功能区水质达标率进行简单比较。

根据环境状况公报数据，2015 年 G 省主要河流水质良好，纳入监测的 44 条河流 85 个监测断面中，地表水环境质量总体以Ⅰ～Ⅲ类水质为主，Ⅰ～Ⅲ类水质断面（76 个）占 89.4%；Y 省在 99 条主要河流（河段）的 184 个监测断面中，91 个断面水质优，符合Ⅰ～Ⅱ类标准，占 49.5%，53 个断面水质良好，符合Ⅲ类标准，占 28.8%，即Ⅲ类标准水质以上断面占比 78.3%；S 省 2015 年全省河流水质稳中向好，Ⅰ～Ⅲ类水质断面比例为 56.5%，较上年上升 4.7 个百分点；H 省在 83 个省控监测断面中，水质符合Ⅰ～Ⅲ类标准的断面有 36 个，占 43.4%。

如图 4-3 所示，除 G 省外，H 省、S 省、Y 省水功能区水质达标率都高于环保部门发布的Ⅲ类标准水质以上断面占比，H 省、S 省差值相对较大。

（3）数据对比分析结论。通过数据对比，可以得出以下结论：

1）不同来源下用水总量数据基本吻合，用水分类模式一致，用水总量的统计范围、口径与内容一致，统计对象的计量、监测、

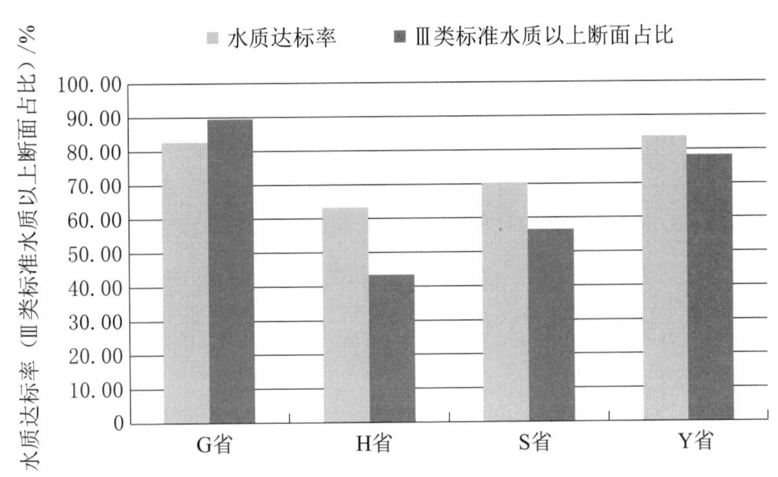

图 4-3　四省水功能区水质达标率与Ⅲ类标准水质以上断面占比比较

资料收集、汇总路径和方法较为成熟。

2）万元工业增加值用水量个别省份差异较大，可能是由于统计口径的不同，比如工业增加值可采用全工业增加值和规模上工业增加值，四省考核中所采用的口径可能并不一致，导致计算出的数据不同，应当建立统一明确的标准。

3）重要江河湖泊水功能区水质达标率的自查指标明显高于环境状况公报中轻度污染水质以上的断面所占比例，一方面是由于不同统计来源采用的统计口径有差异，四省水功能区限制纳污红线采用主要控制项目为高锰酸钾（或 COD）和氨氮，而环境状况公报中是按按 21 项监测因子进行评价的；另一方面是由于统计范围的区别。“十二五”时期 S 省 114 个重点水功能区中纳入考核的只有 81 个，这些水功能区大多数位于水质较好的陕南长江流域，因此达标率考核结果比较令人满意，但是未纳入考核的其他水功能区水质情况不容乐观，特别是黄河流域的水功能区达标率仅有约 47%。

4）总体上看，通过将考核中四省目标完成情况与其他数据来源的横向比对发现，数据之间的一致性较好，偏差范围不大，说明考核数据较为可靠。需要注意的是，个别指标在口径、范围上的差异，以及监测、获取数据的来源不同致使数据之间存在偏差。

3. 制度建设和措施落实情况考核结果分析

从考核总体情况来看，各省均在制度建设和措施落实方面开展了大量工作，取得了较大成效。为了深入分析制度建设和措施落实方面的考核结果，同样以四省为代表，对其考核情况进行分析。

（1）严格控制用水总量。

1）严格规划管理和水资源论证。从四省提供的自查报告支撑材料来看，各省均按照流域和区域统一制定水资源规划，建立了较为科学完整的水利规划体系，规范组织对相关项目的水资源论证工作。

2）严格区域取用水总量控制。四省均建立了辖区内取用水总量控制指标体系，划定用水总量“红线”，将用水总量作为各级行政区水资源开发和项目审批的刚性约束，将用水总量控制纳入各级政府年度目标责任考核，严格按照用水计划实施。

3）严格实施取水许可管理制度。S省明确省市县三级取水许可审批权限，严格对照用水总量控制指标、行业用水定额标准审批项目取用水量。H省水利厅制定并印发了《H省水利厅推进农业取水许可管理工作实施方案》，建立全省取水许可电子台账，联合公安厅开展了取水许可等水资源管理专项执法检查等。Y省、G省下发了进一步加强取水许可监管工作的规定和通知，对取水许可全面建档立账，加强取水许可监督管理、规范管理。

4）严格水资源有偿使用制度。四省辖域内印发水资源费征收标准等文件，对超计划、超定额取水的征收累进加价水资源费。在执行过程中，G省、S省、H省均严格按照制度要求征收，Y省由于县级水行政主管部门征收取用水户多而分散，取用水量少而征缴额低，难以严格按月征收水资源费。

5）严格地下水管理与保护。四省颁布实施省内地下水管理和保护条例，对禁采区和限采区进行统一管理，明确要求不再批建新的地下水取水工程或有计划封停原有取水工程及自备井等。

6）强化水资源统一调度。按照水利部批准的水量调度计划，各地制定和完善省级行政区重要江河（湖泊）水资源调度方案和调度计划，对水资源实行统一调度。其中，G省2015年不存在国家实施统一调度的跨省江河流域、跨流域调水任务。

（2）强化用水效率管理。

1）加强节约用水管理。四省全面推行并完善辖域内城镇居民用水阶梯价格制度，对工业和服务业等非居民用水执行超计划超定额累进加价制度，对高耗水行业采取限制用水措施。

2）强化用水定额管理。四省组织修订完善用水定额，加强计划用水管理监督，建立省级重点监控用水单位名录，对辖内用水规模以上用水大户实行分级监控管理。

3）加快推进节水技术改造。四省积极推进节水型城市建设，加强供水管网改造，降低供水管网漏损率，鼓励企业开展节水技术改造，确定了一批公共机构节水单位，积极推进非常规水源的开发利用工作。

（3）加强水功能区污染控制。

1）严格水功能区监督管理。按照《水功能区管理办法》要求，四省在2015年均实现了监测全覆盖，水功能区监测率达到100%。省域内有关部门将重要水功能区限制排污总量意见作为水污染防治和污染物减排的重要依据，严格开展入河排污口设置论证。城市和县城污水集中处理率得到大幅提升，四省城市污水处理率均达到“十二五”全国城镇污水及再生水利用设施建设规划工作进度要求。

2）加强饮用水水源保护。四省均严格落实饮用水水源保护区制度，建立了重要饮用水水源地名录，完善了饮用水水源地突发事件预警和应急机制。重要饮用水水源地保护区内无排污口。

3）推进水生态系统保护与修复。四省均组织制订并实施了相关流域内水生态系统保护与修复方案，相继开展的主要河流规划均提出了生态流量管理目标和要求，启动了主要河湖健康评估工作，推进全省水生态文明试点建设工作。

（4）其他保障制度建设及相应措施落实情况核实。

1）建立水资源管理考核制度。四省出台实行最严格水资源管理制度的实施意见，将考核结果逐步纳入政府年度目标责任考核。通过考核，及时发现各地在落实最严格水资源管理制度中存在的问题和短板，并推动相关问题得到尽快解决。四省在自查报告中均报告了对2014年度实行最严格水资源管理工作中存在问题进行整改的有关情况。

2）健全水资源监控体系。四省均大力推进国家水资源监控项目建设。S省建成取用水监控体系、水功能区监控体系和国家水资源监控管理省级信息平台系统；Y省全省水资源管理系统的省级平台建设完成了9成以上任务；H省和G省完成了省级项目的建设、试运行和自评估工作，并通过了国家水资源监控能力建设技术评估专家组的技术评估。

3）完善水资源管理体系。四省均不断强化水资源管理机构和队伍建设，完善全省三级水资源管理专职机构，配备专职水资源管理人员。

4）完善水资源管理投入机制。为按时完成中央分成水资源费项目节点任务，四省政府及相关部门联合出台文件，建立长效、稳定的水资源管理投入机制，确保水资源费用于水资源节约、保护和管理，同时引导社会资金、基金参与。H省水生态文明建设除了整合水利项目资金、城建资金、水污染防治资金外，全部依靠招商引资解决。

5）健全政策法规和社会监督机制。四省相继出台多项政策、法规（表4－5），确保水资源管理制度的执行。为扩大最严格水资源管理影响范围，提升社会监督力度，各地组织制作了教育专题片，进行了大型采访报道活动，利用多种媒介开展水情、节约用水、水利法制等宣传，促进农民用水合作组织创新发展，评选表彰水资源管理先进单位和先进个人。

表4－5　四省落实最严格水资源管理制度发布的部分重要文件

省份	重　要　文　件
S省	《2015年度目标责任考核评价实施办法》； 《S省地下水条例》； 《S省W河流域管理条例》； 《S省限制投资类产业指导目录》； 《S省入河排污口监督管理细则》； 《W河流域水污染防治巩固提高三年行动方案（2015—2017）》； 《Y河综合治理方案》； 《S省生态文明体制改革实施方案》
G省	《G省水污染防治行动计划工作方案》； 《G省八大流域生态文明制度改革工作方案》； 《G省入河排污口监督管理细则》； 《G省建设项目取水工程或者设施验收管理暂行规定》； 《G省水资源费使用管理暂行办法》； 《省人民政府办公厅关于全面推进节水型社会建设的意见》； 《省人民政府办公厅关于印发G省水资源管理控制目标分解表的通知》； 《省水利厅关于下达2014—2015年度用水计划的通知》； 《关于规范取用水户管理工作的通知》； 《关于调整水资源费征收标准有关事项的通知》； 《G省城市供水管理办法》； 《G省地下取水审核管理办法》； 《G省地下水（机井）利用工程建设管理办法》； 《G省水功能区划》（2015年版）； 《2015年G省C流域全国重要江河湖泊水功能区水质监测方案》； 《2015年G省Z流域全国重要江河湖泊水功能区水质监测方案》； 《G省突发环境事件应急预案》； 《G省饮用水水源安全保障应急预案（试行）》

续表

省份	重要文件
Y省	《Y省水功能区监督管理办法》； 《2015年度Y省水资源质量监测任务书》； 《Y省节约用水条例》； 《Y省人民政府关于加强节水型社会建设的建议》； 《Y省水资源红黄绿分区管理办法》； 《Y省重大规划水资源论证评估管理办法》； 《Y省水利厅关于开展Y省重点区域水资源承载能力、优化配置体系及统一调度方案研究编制专项工作的通知》； 《Y省水利厅关于印发2013年Y省水资源工作重点的通知》； 《Y省水系连通规划战略研究工作大纲》； 《Y省供水安全保障网规划》； 《中共Y省委 Y省人民政府关于加快实施“兴水强滇”战略的决定》； 《Y省水利发展“十三五”评价指标体系区域化专题研究》
H省	《H省水利厅关于做好规划水资源论证的通知》； 《H省南水北调受水区地下水压采实施方案（城区2015—2020）》； 《H省水利厅 H省机关事务管理局〈关于授予中共H省纪律检查委员会等省级节水型单位的决定〉》； 《H省水利厅 H省机关事务管理局〈关于授予中共H省水利厅等省级节水型单位的决定〉》（Y水政资〔2015〕2号）； 《H省用水总量控制预警管理办法》； 《H省节约用水条例》； 《H省入河排污口监督管理办法》； 《H省水环境生态补偿暂行办法》； 《H省实行最严格水资源管理制度考核办法的通知》； 《H省非常规水开发利用管理暂行办法》； 《H省水功能区水质监测管理办法》； 《H省南水北调水量交易管理办法》； 《关于南水北调水量交易价格的指导意见》； 《H省取水许可和水资源费征收管理办法》； 《关于印发〈H省水资源费征收使用管理办法〉的通知》； 《H省水环境生态补偿暂行办法》； 《H省减少污染物排放条例》； 《关于做好规划水资源论证工作的通知》

4. 典型地区落实最严格水资源管理制度问题分析

通过数据核实和抽查检查，考核组发现四省在落实最严格水资源管理制度中存在一些方面的不足，需要日后加以改进和完善。

（1）规划水资源论证与取水许可监督管理需进一步强化。各地对取水用户监督管理还比较薄弱，很多地区水资源规划论证过程实施不到位，农业取水许可、计量监控等工作刚刚起步，离实现最严格水资源管理还有段距离。例如，在检查中发现H省一些地方和审批部门对水资源承载能力认识不足，在经济社会发展规划、重大项目布局以及有关产业发展规划中，缺乏对水资源的论证分析。S省取水许可量和计划用水量、实际用水量差别很大。Y省取水许可管理有待规范，取水许可台账更新不及时，计划用水工作不到位。未来各地工作中要充分考虑当地水资源条件，将水资源论证、取水许可等工作作为区域经济布局和项目建设的刚性约束和前置条件，投资主管部门和规划审批部门要加强审批、核准、备案项目和规划审批的信息沟通，强化建设项目水资源论证和取水许可审批，并逐渐提高规划水资源论证覆盖率。另外，还要注重发挥水资源水环境承载能力约束功能，充分利用“三条红线”倒逼机制，推动产业结构调整和区域经济布局优化，促进经济转型升级。

（2）水价综合改革还不到位，落实进度需进一步推进。在实行最严格水资源管理制度情况核查过程中发现Y省部分市（州）还未全面落实超计划、超定额累进加价制度。不少地区存在相同问题，水价改革不到位，关于水价改革的相关文件不够完善，主要问题体现在农业水价、城镇居民用水阶梯价格和非居民用水水价管理三个方面。对此，四省要进一步提高认识，把水价改革作为落实最严格水资源管理工作中的一项重点任务，积极推进落实。省级人民政府对本行政区域水价改革工作负总责，要切实加强组织领导，结合实际制定具体实施方案，明确改革时间表和分步实施计划，细化年度改革目标任务，建立健全工作机制，抓好各项措施落实。及时协调解决改革中遇到的困难和问题，定期总结改革经验，具备条件的要适时予以推广。另外，各有关部门和地方各级人民政府要做好水价改革的政策解读，加强舆论引导，强化水情教育，引导民众树立节水观念、增强节水意识、提高有偿用水意识和节约用水的自觉性，为推进水价改革创造良好社会环境。

(3) 水资源费用的投入力度与使用成效有待进一步提升。最严格水资源管理制度的实施依赖于资金的保障，而有的地区对已投入的资金没有做好合理利用，使得部分资金浪费，没有发挥应有作用。还有一些地区在落实最严格水资源管理制度过程中因缺乏充足资金而出现任务进度减缓甚至停滞的情况。检查中发现，S省用于本省水资源管理、节约与保护的水资源费所占比例还比较低，与S省水资源的重要程度和紧缺状况不相匹配。为此，各地区首先应根据实施最严格水资源管理制度的总体要求，明确实施"三条红线"管理的重点领域和任务，编制项目库，作为水资源费的重要支出领域，使水资源费项目安排更加科学、合理和有效。另外要建立以财政投入为主，社会资金积极参与的投入机制，采取各种办法，扩大水资源费收缴规模，提高水资源费用于水资源节约保护和管理的支出比例，创新生态补偿方式和方法，多渠道增加水资源管理经费。

(4) 水资源监控设施与网络信息平台覆盖范围需进一步扩大。在对H省的检查过程中发现，与全省取用水户总量与用水总量相比，纳入监控的取用水户和用水量比例还比较低，水资源管理技术支撑比较薄弱。有的取用水户计量不到位，区域用水统计不够规范。在对S省的检查中发现，与先进地区相比，S省水资源监控能力建设还存在一定的差距，是制约水资源管理的短板，需要进一步加大建设力度。很多地区的水功能保护区、入河排污口缺少监控设施或设施不能正常使用，使得常规监测无法正常开展，影响重要数据的获取。此外部分地区网络信息平台覆盖率较低，制约了监测数据存储和整理的效率。这就要求尽快按照监控要求建设完成监控点、监控设备的建设和安装，提高监控设施的覆盖范围，做好监控设施的运行维护管理工作，切实加强水资源基础数据的收集能力，强化水资源监控能力。还要不断完善、优化和升级信息系统，建立以互联网、物联网为基础的信息平台、采集设施和传输渠道，及时提供水资源的基础数据和信息，为落实最严格水资源管理制度提供基础支撑。

（5）节水型社会建设步伐需要大幅加快。部分地区水资源浪费现象依然十分普遍，大众水患意识和节水意识依然不强，节水型社会建设的有关要求未得到有效落实。例如 G 省的节水工作中，节水型载体建设严重落后，特别是节水机关、企业建设尚未达到考核要求，农业节水工作才刚刚起步。未来各地应进一步加强节水工作，落实用水效率控制要求，全面推进节水型社会建设，加快开展节水载体建设和公共节水机构、节水企业、节水社区的建设，做好节水器具的推广以及完成好污水处理回用等非常规水源利用工作。

（6）基层水资源管理能力亟待提高。基层水资源管理能力薄弱是检查过程中发现的一个突出问题。H 省基层水资源管理人员不足，与日益增长的水资源管理工作任务不相适应。G 省水资源管理能力不足，尤其是市县两级管理衔接不紧密。Y 省基层水资源管理薄弱未根本改变，管理机构运行效率低，监管力度弱。基层水资源管理能力弱的问题普遍存在，未来各地区应下大力气完善基层水资源管理机构，根据工作实际需要科学合理配置人员编制，加强对基层水资源管理人员的教育培训，提升人员业务水平；

加大考核力度和检查力度，逐步建立激励和约束机制，建立起一级抓一级、层层抓落实的管理工作格局，提升管理机构运行效率，有力保障最严格水资源管理制度的落实。

（四）考核结论及应用

1. 自查报告结果

自查报告显示，四省进一步严格取水许可、计划用水管理、水资源有偿使用等基础工作，强化用水总量、用水效率和水功能区限制纳污“三条红线”刚性约束，完成了水资源管理的各项目标任务，用水总量控制均低于计划用水量，万元工业增加值降幅达到目标要求，农田灌溉水有效利用系数完成控制目标，重要江河湖泊水功能区水质达标率均高于要求，见表4－6。

表4－6　　四省自查报告中四项目标完成情况表

省份	计划用水量/亿立方米	用水总量/亿立方米	万元工业增加值用水量/立方米	农田灌溉水有效利用系数	水功能区水质达标率/%
G省	117.35	95.41	71.8	0.451	82.7
H省	260	211.281	26.7	0.601	63.2
S省	102	91.16	17. 25	0.556	70.3
Y省	184.88	145.71	51	0.45	83.8

根据2013—2014年水资源公报公布的用水总量、万元工业增加值用水量、农田灌溉水有效利用系数、重要江河湖泊水功能区水质达标率等数据，与自查报告中的数据进行比对，总体上看，自查上报数据资料的一致性较好。

（1）用水总量基本上稳中有升。将四省自查报告中用水总量与2013—2014年水资源公报中用水总量进行比对（图4－4），可以看到，由于经济社会的发展需要，四省用水总量规模基本保持稳定的态势，H省在2014年用水总量大幅下降，2015年用水总量小幅反弹；G 省、S 省两省用水总量略有增长；Y 省用水总量略有降低。

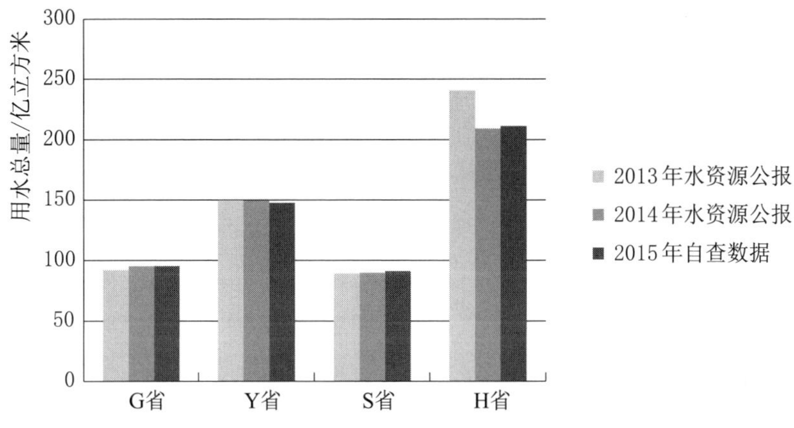

图 4－4　四省 2013—2015 年用水总量比较

（2）万元工业增加值用水量下降趋势较为明显。经过数据比对（图 4－5），四省万元工业增加值用水量水平差异较大，但都处于下降趋势，其中 G 省和 Y 省 2015 年自查数据下降速度较快；相对来说，S 省和 H 省速度则比较稳定。

（3）农田灌溉水有效利用系数稳步提高。如图 4－6 所示，四

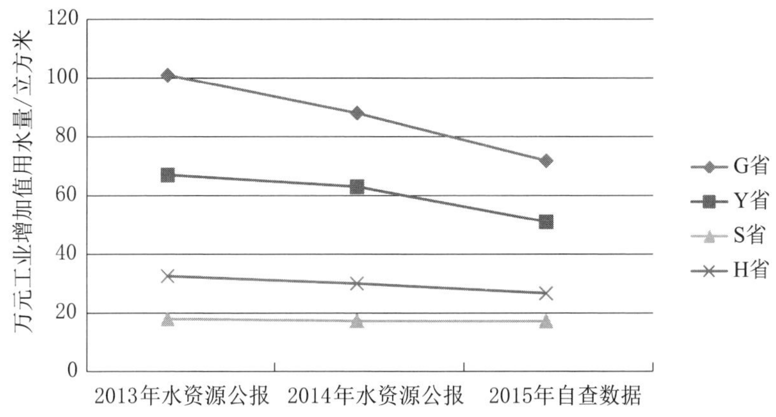

图 4－5　四省 2013—2015 年万元工业增加值用水量比较

省自查报告中2015年农田灌溉水有效利用系数相较于2013年、2014年公报数据均处于稳步提升阶段。横向来看，四省的农田灌溉水有效利用系数相差较大，Y省、S省农田节水灌溉措施落实效果明显，G省、H省相对落后。

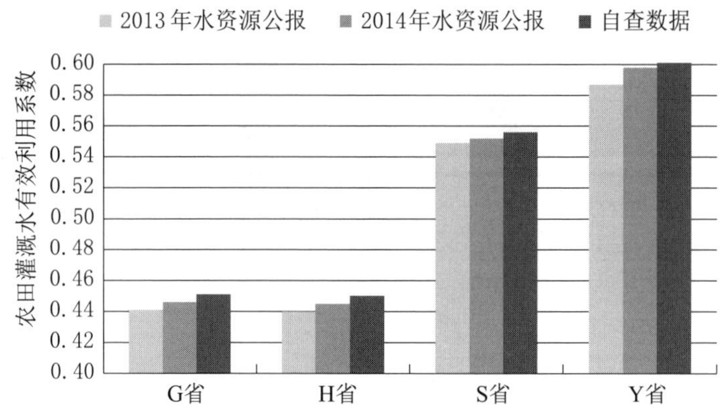

图4-6 四省2013—2015年农田灌溉水有效利用系数对比

（4）重要江河湖泊水功能区水质达标率快速提升。从图4-7中可以看出，根据自查报告的数据，四省2015年水功能区水质达标率指标均有较大的增幅，其中G省、H省两省2015年重要江河湖泊水功能区水质达标率超过了80%。

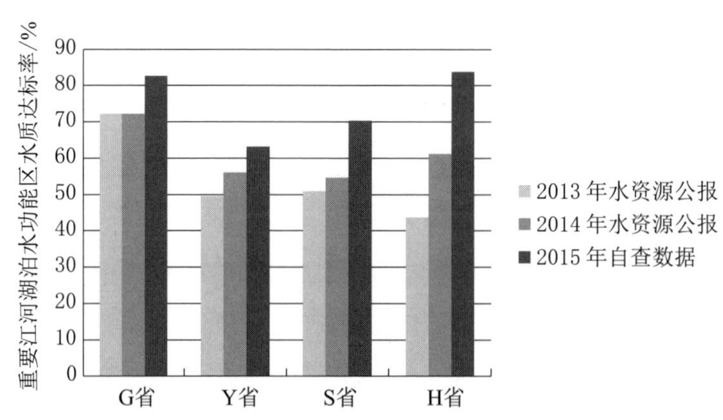

图4-7 四省2013—2015年重要江河湖泊水功能区水质达标率比较

2. 现场检查与抽查结论

为了具体反映现场检查与重点抽查结果，选择了S省和H省两省作为典型开展分析。

（1）省级层面资料抽查与核实情况。结合资料核实和现场质询情况，检查组分别对H省、S省两省资料中的存疑事项进行了核实。具体如下：

1）H省资料核查中的关于“未提供省级政府或其相关部门联合出台推动开展规划水资源论证工作的省级专项文件”等4条存疑事项经核实，存在超采区综合治理规划为非省政府组织编制，且未编制完成，节水型企业建成率不足100%等问题。

2）S省资料核查中的关于“未提供省级发展改革部门出具的2015年建设项目清单中项目的批复（或核准）文件”等7条存疑事项经核实，存在公共管网漏损率未达标、未提供有专家评审意见的河湖健康评估工作报告、全省阶梯水价实施率未达到要求等问题。

（2）所辖市、县级行政区抽查与现场检查情况。检查组对H省X市及下辖X县，P市及下辖W县、Z区政府，S省W市及下辖P县、Y市及下辖S县等地进行了重点抽查与现场检查。检查市县（区）全面贯彻实行最严格水资源管理制度，严格落实水资源管理各项管控目标，着力提高用水效率和效益，切实加强水生态环境保护和治理，落实最严格水资源管理制度取得显著成效。

综合资料查验和现场检查情况，发现H省所辖市、县贯彻实行最严格水资源管理制度较好，未发现问题。S省存在对供水管网的用水大户、水行政主管部门未下达用水计划等问题。

（3）重点用水户和重要水功能区（饮用水水源地）现场检查情况。从现场检查的情况看，绝大部分重点用水户都开展了水资源论证、持有有效的取水许可证，用水量都在取水许可和计划用水范围内，加大了节水力度，按时缴纳水资源费，废污水排放达标。重要水功能区（饮用水水源地）设置了多个监测断面和监控设施，按时开展监测，安装明显的保护区界标等。

综合资料查验和现场检查情况，发现H省存在着水资源论证许可水量比实际用水量明显偏大、取水许可证未能及时办理、无许可排污、未安装取水计量设施等问题；S省存在取水许可证未能及时办理、实际用水量超出水资源论证许可水量等问题。

（4）抽查结果及扣分情况。考核组以现场检查与重点抽查技术方案为依据，通过查看比对相关数据、证明、资料的真实性、准确性、完整性，对各省目标完成情况、制度建设与措施落实情况的现场检查结果进行了评价，对核查中出现的问题根据评分标准进行了扣分，见表4-7。

经核实，H省重点抽查与现场检查中制度建设和措施落实情况部分，省级层面的存疑事项，经过核实扣分为1.4分；4个重点用水户扣分为4分，分别为P市某发电项目扣2分、X市某发电项目二期工程扣1分，某矿业项目扣1分。总计扣5.4分。

S省重点抽查与现场检查中制度建设和措施落实情况部分，省级层面的存疑事项，经过核实扣分为2.8分。W市扣分为1分，扣分原因为对于供水管网的用水大户，水行政主管部门未下达用水计划。重点用水户扣分为2分，分别为S省某能源公司扣1分、S省某煤化工集团扣1分。总计扣5.8分。

3. 结果公布及应用

四省考核结果经省政府同意，抄送省委组织部作为对各市（州）、省直管县政府领导班子和主要负责同志综合考核评价的重要依据，并在有关媒体上向社会公布。从调研情况来看，在考核结果公布和应用情况方面存在一些问题。

表 4-7　　H 省、S 省按照相应评分标准具体扣分事项表

省份	H 省	S 省
扣分事项	1. 水资源论证取水量比实际用水量明显偏大扣 1 分。 2. 未办理取水许可证、无许可排污等扣 2 分。 3. 超采区综合治理规划为非省政府组织编制，且未编制完成扣 1 分。 4. 未按要求安装计量设施扣 1 分。 5. H 省工业和信息化委员会出具证明，节水型企业建成率达到 80%，按比例赋分扣 0.4 分	1. 水资源论证取水量比实际取水量小扣 1 分。 2. 取水许可证到期后未办理延续申请扣 1 分。 3. B 市、T 市、Y 市阶梯水价文件实施时间晚于 2015 年 12 月 31 日，X 市举行了听证但未出台文件，全省实施率为 60%，扣 0.8 分。 4. 对于供水管网的用水大户，水行政主管部门未下达用水计划扣 1 分。 5. 2015 年公共管网漏损率较 2014 年下降 0.81%，扣 1 分。 6. 未提供有专家评审意见的河湖健康评估工作报告扣 1 分

（1）考核结果的发布和宣传力度不够。

1）考核结果的发布层次不高。从 2013 年和 2014 年两个年度的考核结果发布情况来看，都是由水利部组织召开发布会，并发布考核结果公告，发布层次不高，未能引起社会广泛关注。而“十二五”期末考核结果的发布甚至未召开发布会，仅是在水利部网站进行了公告，报道相关情况的媒体寥寥无几。从调查问卷情况来看，有部分人员（都是水资源管理工作者）表示完全不了解考核结果。

2）宣传力度不够。由于发布层次不高，虽然有新华社等媒体报道考核结果情况，但一方面缺乏受众更加广泛的中央电视台、人民日报、著名门户网站等媒体的即时报道；另一方面缺乏后续持续解读性报道，宣传力度严重不足。特别是缺乏针对水资源管理工作好的做法和成效、存在的问题及解决措施、考核成绩的优劣奖罚等方面的持续性报道和解读，难以形成社会热点话题。

3）公布内容不详细。目前仅公开发布考核等级和排名情况，

以及向各省函告说明该省考核的具体情况，缺少更加详细考核结果的发布，比如对各省反馈考核结果情况时，可将全国各省考核得分、扣分点、较好做法等均函告所有省份，不仅有利于各省更好对照发现自身问题，学习借鉴先进做法，而且也能够对考核工作本身形成一定监督作用，倒逼考核工作进一步完善，保障考核的公平公正。

（2）考核结果的应用情况不佳。

1）应用效果不明显。目前考核方案仅要求将考核结果交由干部主管部门作为对地方政府相关领导干部综合考核评价的重要依据，在实际中组织部门如何应用考核结果并未明确。截至目前，也未见有关应用效果的报道。从调查问卷情况来看，高达 60%以上的被调查人员对应用效果不满意。

2）应用领域狭窄。目前仅仅要求将考核结果应用到组织部门对地方领导的考核中，在更加直观的一些相关领域，如生态文明城市创建、海绵城市试点等方面，考核结果本可发挥更大作用，而实际中并未得到应用。

3）没有对瞒报、谎报等问题进行深入分析。按照国务院办公厅印发的《考核办法》，考核工作中存在瞒报、谎报的地区，应予以通报批评，并对有关责任人员依法依纪追究责任。然而，目前考核中存在的不提供或不按时提供有关证明材料、有关数据和证明资料经过技术核查与现场检查被证伪等情形，未有进一步的深入分析和责任追究。应当加强这方面的工作力度。

二、“十三五”时期部分省份考核开展情况

（一）2016 年度考核工作开展情况

1. 自查情况

按照考核方案要求，各省级行政区人民政府均于 2017 年 3 月

31 日前完成了自查报告的编写及报送。为了更加清晰地说明自查及核查情况，同时考虑到作者掌握到的资料情况，特选取 Y 省和 G 省两省作为案例，对其自查情况进行具体梳理。

（1）案例省份“三条红线”目标完成情况。Y 省和 G 省两省进一步强化用水总量、用水效率和水功能区限制纳污“三条红线”刚性约束，全面完成 2016 年水资源管理的各项目标任务。

两省 2016 年度用水总量均控制在计划用水量范围内。如表 4－8 所列，两省 2016 年度用水总量均低于控制目标，其中，G 省的用水总量占计划用水量的比重较高，达到 83.59%，而 Y 省的用水总量占计划用水量的比重较低，占比为 78.40%。

表 4－8　Y 省和 G 省 2016 年度计划用水量与实际用水总量

省份	计划用水量/亿立方米	用水总量/亿立方米	用水总量占计划用水量比重/%
Y 省	191.64	150.24	78.40
G 省	120	100.31	83.59

两省 2016 年度万元国内生产总值用水量降幅均超过目标值。如图 4－8 所示，Y 省和 G 省 2016 年度万元国内生产总值用水量较 2015 年降幅均在 6.9%左右，全部达到万元国内生产总值用水量控制目标。

两省 2016 年度万元工业增加值用水量降幅均达到控制要求。如图 4－9 所示，Y 省 2016 年度万元工业增加值用水量较 2015 年降幅达到 11.4%，G 省降幅为 6.69%，均达到了万元工业增加值用水量控制目标。

两省 2016 年度农田灌溉水有效利用系数均达到控制目标。如表 4－9 所列，2016 年度 Y 省和 G 省两省农田灌溉水有效利用系数分别为 0.460 和 0.458，分别超过两省农田灌溉水有效利用系数

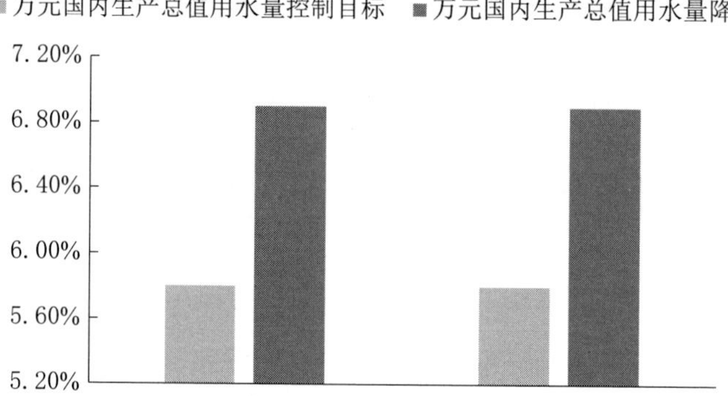

图 4-8　两省 2016 年度万元国内生产总值用水量控制目标与完成情况对比

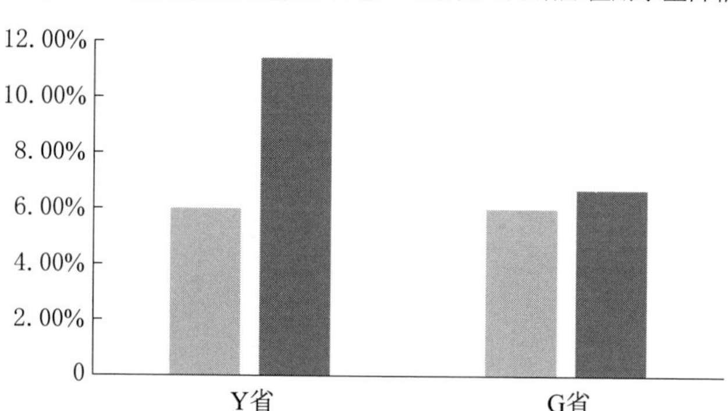

图 4-9　两省 2016 年度万元工业增加值用水量控制目标与完成情况对比

控制目标 2.2%和 1.1%。

表 4-9　Y 省和 G 省 2016 年度农田灌溉水有效利用系数情况

省份	农田灌溉水有效利用系数目标	农田灌溉水有效利用系数
Y 省	0.450	0.460
G 省	0.453	0.458

两省 2016 年度重要江河湖泊水功能区水质达标率均超过目标要求。如表 4-10 所列，Y 省和 G 省两省重要江河湖泊水功能区水质控制效果均较好，水质达标率全部超出 2016 年度控制目标。

表 4-10　Y 省和 G 省 2016 年度重要江河湖泊水功能区水质达标率完成情况

省份	重要江河湖泊水功能区水质达标率目标/%	重要江河湖泊水功能区水质达标率/%
Y 省	82.00	83.90
G 省	78.60	82.00

两省 2016 年度重要水功能区污染物总量减排量目标大幅超额完成。2016 年，Y 省减排考核水功能区 10 个，入河主要污染物化学需氧量年排放较 2015 年减少 37.4%，入河主要污染物氨氮年排放较 2015 年减少 34.5%；G 省减排考核水功能区共 8 个，入河的化学需氧量较 2015 年减排比例为 69.97%，入河的氨氮年排放较 2015 年减排比例为 76.14%。

（2）案例省份制度建设和措施落实情况。从考核总体情况来看，Y 省和 G 省均在制度建设和措施落实方面开展了大量工作，取得了较大成效。

1）制度建设情况。

a. 全面推行河长制度。根据中央关于全面推行河长制的决策部署，Y 省和 G 省两省均出台了相关政策，全面落实河长工作机制。Y 省相继制定出台了《K 市关于全面深化河长制的工作意见》《关于进一步完善三湖主要入湖河道河长责任制的通知》《D 州实施“河长制”工作方案》以及《Y 省全面推行河长制实施意见》，G 省印发《G 省全面推行河长制总体工作方案》，积极开展河长制相关工作。

b. 严格实施取水许可与水资源论证制度。Y 省、G 省下发了进一步加强取水许可监管工作的规定和通知，制定并落实省级农业取水许可管理工作方案，加强取水许可监督管理、规范管理。两省均建立了较为科学完整的水利规划体系，规范组织对相关项目的水资源论证工作。

c. 严格水资源用途管制制度。为全面强化水资源用途管制，Y 省和 G 省均完成了辖区内地、县级行政区用水总量控制指标分解，制定辖区内水资源行业配置方案或在相关规划中明确水资源行业配置方案。

d. 严格地下水管理和保护制度。两省均颁布实施省内地下水管理和保护条例，如 Y 省下发了《Y 省水利厅关于开展违法开采地下水专项执法检查工作的通知》，开展违法开采地下水专项执法检查工作。

e. 强化用水定额、计划用水和节水管理制度。两省均组织修订完善用水定额，加强计划用水管理监督，对辖内用水规模以上用水大户实行分级监控管理；全面推行并完善辖域内城镇居民用水阶梯价格制度，对工业和服务业等非居民用水执行超计划、超定额累进加价制度，对高耗水行业采取限制用水措施。

f. 严格水价和水资源费制度。两省均出台省级推行居民阶梯水价制度的法规或政策性文件，辖域内调整水资源费征收标准，对超计划、超定额取水征收累进加价水资源费。

g. 严格水功能区划及相关管理制度。两省均出台并落实了省级水功能区监督管理的办法或文件，加强入河湖排污口的监督管理，水功能区水质得到明显改善。

h. 加强重要饮用水水源地安全评估制度。两省均严格落实饮用水水源保护区制度，建立了重要饮用水水源地名录，完善了饮用水水源地突发事件预警和应急机制。

i. 建立水资源管理考核制度。两省均出台省级实行最严格水资源管理制度考核办法，明确考核责任主体，将考核结果作为地方政府主要负责人和领导班子综合评价的重要依据；建立水资源消耗总量和强度双控行动目标责任制，出台水资源消耗总量和强度双控行动落实方案。

2）措施落实情况。

a. 节水优先方面。两省均完成高效节水灌溉年度目标任务，推进火电、钢铁、纺织染整、造纸、石油炼制等 5 个高耗水行业节水型企业建设以及省级机关节水型单位建设；加强供水管网改造，降低供水管网漏损率；按照规定在水资源论证、取水许可等方面使用用水定额；开展大型节水主题公益宣传活动，使节水意识深入人心。

b. 水资源保护与监督管理方面。两省均加强饮用水水源地保护；开展省内水生态文明建设和河湖健康评估工作；全面加强入河排污口审批和登记工作，严格入河排污口监督管理；积极开展水资源论证，严格取水许可日常监督管理；全面实施水功能区监管办法，包括分类监管、监测监督、通报执法等；针对水资源专项监督检查和地下水压采考核发现的问题，积极开展整改工作。

c. 基础能力方面。两省均按规定报送重要水功能区、入河排污口监测数据；制定省级水资源计量监控的监督管理方案；不断强化水资源管理机构和队伍建设，完善全省三级水资源管理专职机构，配备专职水资源管理人员；将考核结果纳入地方主要领导干部综合考核评价。但取用水户、饮用水水源地在线监测工作有待进一步加强，国家水资源监控能力 Y 省二期项目需要进一步加快推进建设。

（3）案例省份水资源管理工作创新情况。根据自查报告，2016 年以来，Y 省和 G 省在水资源管理工作方面取得了显著的创新成效。

1）Y 省水资源管理工作创新情况。

a. 农业综合水价改革推进取得新实效。Y 省印发《关于加快推进农业水价综合改革的实施意见》，高位推动农业水价综合改革工作。2016 年全省有 44 个县开展农业水价综合改革，投入资金 22.73 亿元，完成了 89.9 万亩[1]农田的农业水价综合改革，取得明显的成效。

b. E 海保护治理形成新模式。在国家出台河长制相关制度之前，D 州在 E 海周边率先推行实施，启动《E 海抢救性保护方案》，创新投融资渠道，创新“五级网格化”保护治理 E 海的责任体系，实现 E 海保护治理责任的全覆盖，E 海保护治理进入了全新阶段。

c. 湖泊水质取得新好转。Y 省委、省政府主要领导任 F 湖、E 海等湖泊的湖长，高位推进湖泊保护工作，湖泊保护治理成效明显。D 湖 31 年来水质首次由劣Ⅴ类转为Ⅴ类，Q 湖 11 年来水质首次由劣Ⅴ类转为Ⅴ类。

d. 水资源刚性约束得到新增强。2016 年 Y 省创新建立水资源红黄绿分区管理制度，实施一年来，挂“红牌”和“黄牌”地区管理明显得到加强。通过红黄绿区动态管理，水资源“三条红线”刚性约束进一步得到增强。

e. 水资源费征收实现新跨越。Y 省严格落实水资源取水许可管理制度和有偿使用制度，加强水资源费征管，做到依法征收，应收尽收，全省全年水资源费征收突破 20 亿元。

2）G 省水资源管理工作创新情况。

a.《G 省水资源保护条例》颁布实施。该条例是全国首部省

[1] 1 亩≈666.67m^2。

级水资源保护地方法规，在内容上率先把在全省江河（湖泊、水库）水资源管理和保护全面推行各级人民政府行政首长负责的河长制纳入地方法规，为全省水资源保护提供了强有力的法制保障。

b. 市县两级全面实现水务一体化管理。G省从2014年起全面启动水务一体化管理体制改革，通过两年的努力，9个市（州）、88个县已全面组建水务局，住建、环保等相关部门的供水、排水、污水处理等涉水职能全部划转水务局，实现了水务管理职能的有效整合。其改革经验和成效多次被中国水利报、G省日报等主流媒体宣传报道，被省目标办评选为2016年度创新奖，对引领和带动水利改革发展起到了良好的示范带动作用。

c. G省全省八大流域全面建立水污染防治生态补偿机制。G省印发了《G省八大流域生态文明制度改革工作方案》，提出在C河、W江、Q江流域的基础上，开展建立N江、B江、H河、D江、NH江五大流域水污染防治生态补偿机制。在八大流域开展水污染防治生态补偿改革后，全省水环境质量持续向好。

d. G省小型水利工程产权制度改革入选中组部专题宣传。截至2016年12月底，G省全省已有66个县完成了小型水利工程改革任务，共明晰小型水利工程产权37万处，有28.57万处工程通过产权审核，27.33万处工程颁发产权证书，颁发产权证达32万个。2016年年底，水利部专门组织赴G省拍摄介绍农村小型水利工程产权制度改革经验和做法的专题片，经中组部审查通过，是全国党员干部远程教育课件频道唯一的水利改革类视频专题片。

2. 自查报告核查情况

2017年4月上中旬，国家考核办组织水资源管理中心等单位力量集中对各省自查报告进行了资料核查，对需要补交或更新证明材料的事项同各省进行了沟通，在此基础上形成了需要在现场检查环节进行进一步核实的问题清单。本节继续以Y省和G省两省为案例，对其核查问题进行梳理。两省核查中发现的主要问题大致相同，主要包括以下三方面内容：

(1) 入河排污口数量较统计数据相差较大。Y省自查报告中仅上报了11个入河排污口信息，而2015年水资源管理年报中入河排污口保有量为1258个，登记比例仅为0.87%。G省自查报告上报了245个入河排污口信息，而2015年水资源管理年报中入河排污口保有量为574个，登记比例为42.7%。

(2) 水域纳污能力是否作为相关规划依据的情况未作说明。自查材料中未见省政府将水域纳污能力或限制排污总量意见作为编制水体达标方案、黑臭水体整治、水污染防治相关规划编制等水污染防治和污染减排重点工作依据的具体要求。

(3) 水行政主管部门依规向政府和环保部门进行有关信息通报的情况未作说明。按照规定，发现重点污染物排放总量超过控制指标或者水功能区水质未达到水域使用功能对水质的要求，省级水行政主管部门应及时报告有关地方政府并通报环境保护行政主管部门，自查材料中未见报告或通报文件，也未有相关说明。

3. 重点抽查与现场检查情况

2017年4月26日，水利部办公厅印发了《关于开展2016年度实行最严格水资源管理制度考核现场检查工作的通知》(水明发〔2017〕15号)，明确了全国31个省级行政区现场检查时间和重点检查内容。具体到案例省份Y省和G省，4月27日分别印发了补充通知，进一步明确具体的现场检查时间、检查方案、检查组人员和行程安排。现场检查主要包括3种形式，即听取汇报、检查督导和实地检查，具体见表4-11。现场检查内容主要包括对自查报告存疑事项进行核查、对2016年水资源管理专项监督检查发现问题的整改情况督导、对一个水源地和用水户进行实地检查等。两省检查组成员也一致，由国家统计局司长任组长，成员来自国家统计局，水利部水资源司、水资源管理中心、发展研究中心和珠江流域水资源保护局等单位，共 7 人。

表 4-11　　现场检查的三种形式

检查形式	具体内容
听取汇报	检查组听取省（自治区、直辖市）人民政府 2016 年度实行最严格水资源管理制度工作情况汇报
核查督导	对各地报送自查材料中发现的存疑事项、创新奖励事项以及南水北调一期工程受水区地下水压采考核中发现的问题进行核查，督导水资源管理专项监督检查整改情况
实地检查	对重要饮用水水源地、入河排污口、重点用水户、水生态修复进行实地检查

(1) Y 省重点抽查与现场检查情况。2017 年 5 月 17—19 日，检查组对 Y 省 2016 年度落实最严格水资源管理制度情况进行了重点抽查与现场检查。

1) 现场检查行程。检查组对 Y 省 2016 年度实行最严格水资源管理制度考核工作现场检查行程如下。

2017 年 5 月 17 日，检查组实地检查 A 市水利管理所取用水管理情况、S 水库水源地保护情况；核查自查材料中的存疑事项，核实创新奖励事项。18 日，召开考核工作会议，主要包括检查组组长介绍考核工作情况、Y 省人民政府汇报 2016 年度实行最严格水资源管理制度工作情况、检查组组长讲话、督导 2016 年度水资源管理专项监督检查中发现问题、Y 省人民政府表态发言等内容。

2) 现场检查内容。根据 Y 省 2016 年度实行最严格水资源管理制度考核工作现场检查方案，考核组对其逐项进行核查、督导和实地检查，具体内容包括以下方面。

a. 核查。重点对自查报告核查工作中发现的问题进行现场核查，包括三方面内容：①就前文所述的入河排污口数量等 3 个问题进行核实询问，了解问题原因；②核查 L 市农业用水量数据；③核实 Y 省开展农业水价综合改革的创新工作成效。

b. 督导。对 Y 省 2016 年度水资源管理专项监督检查发现问题的整改情况进行督导，主要包括以下三方面：

a）取水许可和建设项目水资源论证方面，存在部分项目未进行水资源论证、部分取水许可延续不规范、部分取水许可审批不规范、部分取用水户实际取水量超许可水量等问题。

b）入河排污口管理方面，存在入河排污口设置审查与审批程序不规范、入河排污口监督检查工作不到位等问题。

c）计划用水和用水定额管理方面，存在用水计划指标下达不合理、计划用水管理不规范等问题。

d）水资源费征收方面，L 县某自来水厂未缴纳水资源费。

c. 实地检查。实地检查主要包括对重点用水户和重要饮用水水源地的检查，Y 省 2016 年度实地检查内容见表 4－12 和表 4－13。

表 4－12　Y 省 2016 年度考核工作重点用水户实地检查内容

检查事项	检　查　内　容
2016 年度水资源管理专项监督检查发现问题的整改情况	取水许可延续不规范，缺少延续取水评估相关相关材料
计划用水情况	取水许可监管机关及时下达 2017 年度取水计划，下达的年度取水计划量不应超过取水许可总量［注明取水许可监管机关正式发文下达取水计划的时间（具体到日）、下达的取水计划量，以及取水计划总量］
取水许可监管情况	取水口安装取水计量设施并正常运转；取水单位建立取水台账
水资源费缴纳情况	2017 年 1—3 月水资源费应及时足额缴纳（实缴额以缴费票据为准，应缴额根据征收标准和实际取水量测算）

表 4－13　　Y 省 2016 年度考核工作重要饮用水水源地实地检查内容

检查事项	检查内容
是否存在排污行为或设施	保护区内不存在网箱养殖、旅游、游泳、垂钓、垃圾场等可能造成污染的情况，或者工业、生活排污口
保护区标志设立情况	依据《饮用水水源地保护区标志技术要求》（HJ/T 433—2008），设置界碑、交通警示牌和宣传牌等标识，要求醒目，有监督电话等重要信息，且状态完好
隔离防护设施建立情况	一级保护区有封闭管理的隔离网防护且设施完好；取水口或取水周边设置有隔离防护设施。有公路或桥梁穿过的，应建设桥面雨水收集处置设施，完善事故环境污染防治措施
监测、监控和巡查情况	是否有在线水质水量监测且接入国家水资源管理系统；在取水口、重要交通穿越区等安装视频监控装置，且 24 小时运行完好；有完善的巡查记录

（2）G 省重点抽查与现场检查情况。2017 年 5 月 15—17 日，检查组对 G 省 2016 年度落实最严格水资源管理制度情况进行了重点抽查与现场检查。

1）现场检查行程。检查组对 Y 省 2016 年度实行最严格水资源管理制度考核工作现场检查行程如下。

2017 年 5 月 15 日，检查组核查自查材料中的存疑事项，核实创新奖励事项；16 日，召开考核工作会议，主要包括检查组组长介绍考核工作情况、G 省人民政府汇报 2016 年度实行最严格水资源管理制度工作情况、检查组组长讲话、督导 2016 年度水资源管理专项监督检查中发现问题、G 省人民政府表态发言等内容；最后检查组实地检查 G 市供水公司取用水管理情况、A 水库水源地保护情况。

2）现场检查内容。根据 G 省 2016 年度实行最严格水资源管理制度考核工作现场检查方案，考核组对其逐项进行核查、督导和实地检查，具体内容如下。

a. 核查。重点对自查报告核查工作中发现的问题进行现场核查，包括三方面内容：①就前文所述的入河排污口数量等 3 个问题进行核实询问，了解问题原因；②核查水资源费征收使用情况；③核实《G 省水资源保护条例》发布和实施情况、水务一体化情况等方面的创新工作成效。

b. 督导。对 G 省 2016 年度水资源管理专项监督检查发现问题的整改情况进行督导，主要包括以下三方面。

a）取水许可和建设项目水资源论证方面，存在部分取水许可延续不规范、部分取水许可审批不规范、部分取用水户实际取水量超许可水量等问题。

b）入河排污口管理方面，存在入河排污口设置审查与审批程序不规范、入河排污口监督检查工作不到位等问题。

c）计划用水和用水定额管理方面，对 G 市供水公司下达的用水计划量超过许可量；《G 省行业用水定额》于 2011 年发布，各行业用水定额未进行修订。

c. 实地检查。实地检查主要包括对重点用水户和重要饮用水水源地的检查，G 省 2016 年度实地检查内容见表 4－14 和表 4－13。

表 4－14　G 省 2016 年度考核工作重点用水户实地检查内容

检查事项	检　查　内　容
2016 年度水资源管理专项监督检查发现问题的整改情况	缺少延续取水评估相关相关材料；2015 年实际取水量超许可水量；对 G 市供水公司下达的用水计划量超过许可量
计划用水情况	取水许可监管机关及时下达 2017 年度取水计划，下达的年度取水计划量不应超过取水许可总量［注明取水许可监管机关正式发文下达取水计划的时间（具体到日）、下达的取水计划量以及取水计划总量］

续表

检查事项	检　查　内　容
取水许可监管情况	取水口安装取水计量设施并正常运转；取水单位建立取水台账
水资源费缴纳情况	2017年1—3月水资源费应及时足额缴纳（实缴额以缴费票据为准，应缴额根据征收标准和实际取水量测算）

4. 2016年度考核工作特点总结

2016年度考核是《“十三五”考核方案》实施的第一个年头，相比以往考核工作有了很大改变，体现出了多方面的特点。

（1）考核内容更有侧重。2016年度考核将近年来中央新时期水利工作方针和国家有关水利发展决策作为重点考核内容，如河长制、水资源用途管制、“双控行动”、节水优先等，在考核指标和分数权重设置上均有所侧重，在这些方面对各地政策制定和措施落实情况以及目标完成情况进行重点考核，体现了考核的导向作用。

（2）更加注重日常管理成果的应用。水利部对31个省（自治区、直辖市）的取用水户、入河排污口以及15个省（自治区）地下水超采治理工作情况进行监督检查，检查结果纳入最严格水资源管理制度考核评分。水利部、发展改革委、财政部、国土资源部、国务院南水北调办公室等5部委，组织对南水北调东中线一期工程受水区5省（直辖市）地下水压采工作进行考核，将考核结果纳入年度考核评分。

（3）进一步优化现场检查工作程序。细化编制各省现场检查工作方案，提前明确检查工作重点和具体行程安排，现场检查程序进一步简化，检查时间进一步缩短，检查内容更具针对性。

（4）更加注重突出地方政府责任。在2016年度考核通知中突出强调地方政府是考核对象，要求地方政府切实负起责任。在现场检查环节，印发的现场检查通知直接发至各省级政府办公厅，要求各省级政府做好接受现场检查准备。

（二）2017 年度考核工作开展情况

根据《“十三五”考核方案》和 2017 年度考核通知的要求，各项自查、技术核查、技术抽查和现场检查、形成初步考核结果、报请国务院审定等环节已顺利完成，考核结果经国务院审定已对外公告。

1. 自查及核查情况

2018 年 3 月底之前，31 个省（自治区、直辖市）人民政府组织完成自查，将自查报告报送国务院，并抄送考核工作组各成员单位。同时，各省（自治区、直辖市）水行政主管部门会同有关部门将用于复核技术资料报送水利部。

4 月，考核办依据《“十三五”考核方案》和相关技术要求，组织流域机构、水资源中心等单位针对自查报告和技术资料开展了核验核查。对各地报送的 120 项创新工作奖励事项进行了比选分析，初步认定了 4 项创新奖励事项，形成了 2017 年度核查初步结果。

2. 明察暗访及重点抽查与现场检查

4 月底至 5 月 11 日，结合核查初步结果和日常管理掌握情况，制定了明察暗访工作方案，考核办组织流域机构，通过实地走访、现场取样、查阅资料、群众举报等方式，完成对 31 个省（自治区、直辖市）考核问题的明察暗访。

5 月 4 日，考核工作组各成员单位参加，召开考核工作组会议，布置安排现场检查工作。5 月 11 日—6 月 11 日，部领导分别带领 14 个检查组，对全国 31 个省（自治区、直辖市）进行现场检查。

3. 形成考核结果

在上述工作的基础上，通过认真核实各项问题，按照考核赋分标准，形成了各省的2017年度考核初步成绩和“一省一单”问题清单。

4. 考核总体表现

本节以H省、Z省、G省、J省、C省五个省（直辖市）为案例，对这些地区考核情况进行系统分析，具体包括：①将指标完成数据与历年水资源公报数据进行对比，核查相关数据的一致性；②核查五省“三条红线”制度建设和措施落实情况；③核实最严格水资源管理保障措施落实情况。

（1）目标完成情况。整体来看，五省都进一步强化了用水总量、用水效率和水功能区限制纳污“三条红线”刚性约束机制，严格取水许可、计划用水管理、水资源有偿使用等基础工作。如表4-15、表4-16所列，除J省重要江河湖泊水功能区水质达标率未完成目标外，其他四省均完成了水资源管理的各项目标任务；用水总量控制均低于计划用水量；万元工业增加值降幅达到目标要求；农田灌溉水有效利用系数完成控制目标，重要江河湖泊水功能区水质达标率高于目标要求；重要水功能区污染物总量减排量达到目标要求。

表4-15　案例省份执行最严格水资源管理制度目标完成情况

省份	用水总量控制目标/亿立方米	用水总量/亿立方米	重要江河湖泊水功能区水质达标率控制目标/%	重要江河湖泊水功能区水质达标率/%	重要水功能区污染物总量减排量控制目标/%	重要水功能区污染物总量减排量/%
H省	218.2	180.78	60	62.2	7.6①	10.23①
					8.0②	11.03②
Z省	235.45	179.50	68.4	94.1	7.68①	11.4①
					7.04②	12.0②

续表

省份	用水总量控制目标/亿立方米	用水总量/亿立方米	重要江河湖泊水功能区水质达标率控制目标/%	重要江河湖泊水功能区水质达标率/%	重要水功能区污染物总量减排量控制目标/%	重要水功能区污染物总量减排量/%
G省	118.40	116.06	71.8	86.7		7.9① 9.2②
J省	146.33	126.65	52.2	46.3	2.4① 3.2②	3.33① 3.94②
C省	95.3	77.4	80.8	88.3		

① 化学需氧量。

② 氨氮。

表4-16　案例省份水资源利用效率目标完成情况

省份	万元国内生产总值用水量降幅/%	万元国内生产总值用水量控制目标/%	万元工业增加值用水量降幅/%	万元工业增加值用水量控制目标/%	农田灌溉水有效利用系数	农田灌溉水有效利用系数控制目标
H省	15.23	11	15.08	10	0.6722	0.6721
Z省	18.1	9.2	24.7	8.0	0.592	0.589
G省	13.2	6.6	14.5	6.0	0.553	0.549
J省	15.76	10	30.41	9.2	0.579	0.571
C省	19	12	22	12	0.4894	0.4868

将2015年、2016年水资源公报公布的用水总量、万元工业增加值用水量、农田灌溉水有效利用系数、重要江河湖泊水功能区水质达标率等与自查报告中的数据进行比对，总体上看，自查上报数据资料的一致性较好。

1）用水总量。将五省用水总量和2015年、2016年水资源公报中各省用水总量进行对比后，可以看到，三年来五省的用水总量变化幅度不大，用水总量均有小幅下降的趋势，整体来看，各

省用水规模基本稳定，见图 4－10。

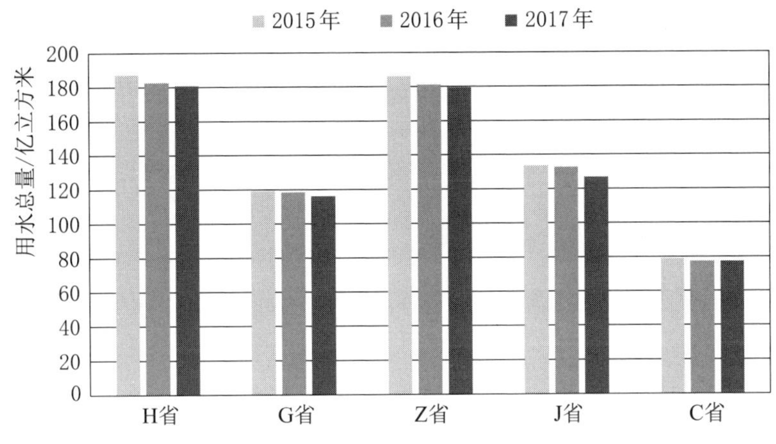

图 4－10　五省 2015—2017 年用水总量比较

2）万元国内生产总值用水量降幅。通过数据对比可以发现，五省万元国内生产总值用水量降幅数据总体来看相差不大，其中 C 省和 Z 省分别以 19％和 18.1％的数据高于其他三省，见图 4－11；所有省份下降率均超过 10％，完成本省年度目标。

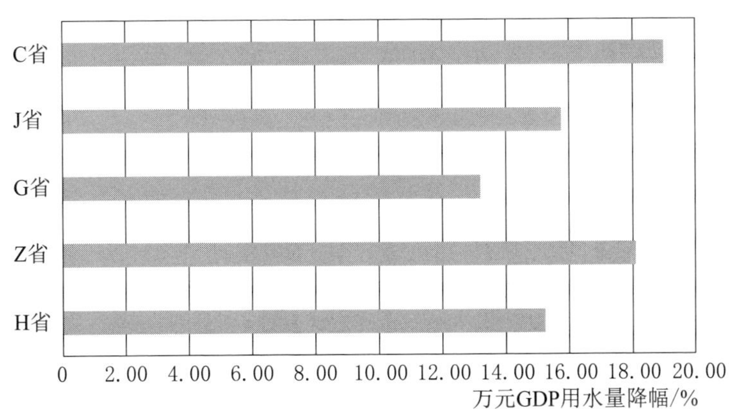

图 4－11　五省万元 GDP 用水量降幅

3）万元工业增加值用水量降幅。由于各省工业发展水平不同，五省万元工业增加值用水量降幅出现了明显的差距，如图 4－12 所示，其中，J省以超30%的降幅远高于其他四省，G省以14.5%的数据在四省中降幅最低，但均已完成年度目标值要求。

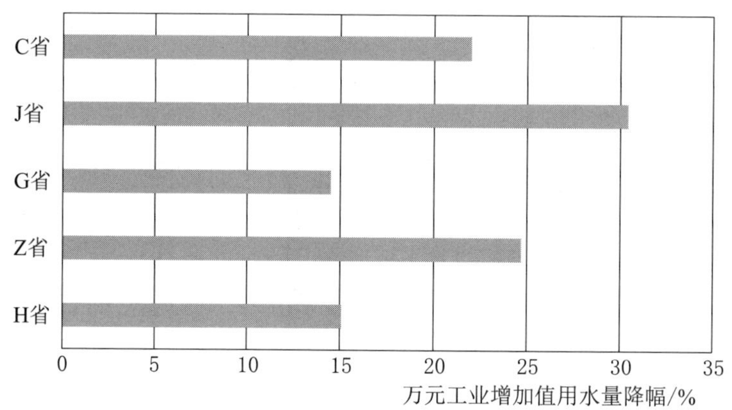

图4-12　五省万元工业增加值用水量降幅

4）农田灌溉水有效利用系数。通过对G省、Z省、C省三地农田灌溉水有效利用系数三年数据对比可以看出，总体上三地农田灌溉水有效利用系数相差不大，其中Z省数据较高于其他两省，如图4-13所示；从年份来看，三年来三省数据一直保持增长趋势，增长幅度均超过年度目标值。

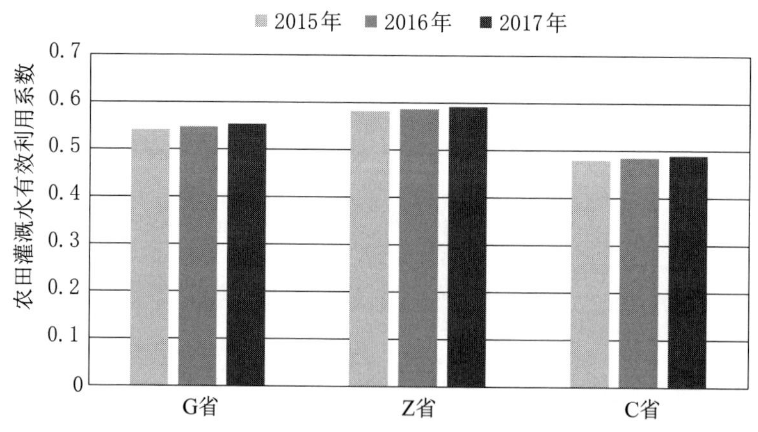

图4-13　三省农田灌溉水有效利用系数三年数据对比

5）重要江河湖泊水功能区水质达标率。通过数据对比可以发现，三年来H省、G省、Z省三省重要江河湖泊水功能区水质达标率提高幅度很大，C省数据在2016年小幅下降后之后也稳定在一个较高的水平；同时横向对比可以看出四省江河湖泊水功能区水质达标率数据相差幅度也较大，Z省、G省、C省三省数据远高于H省，如图4－14所示。相比之下H省水质达标率相对落后，但已达到年度目标要求。

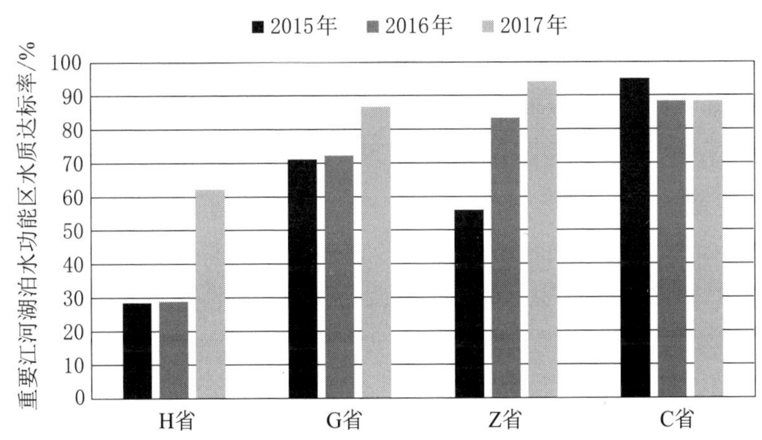

图4－14　四省三年重要江河湖泊水功能区水质达标率对比图

6）重要水功能区污染物总量减排量。通过对H省、Z省、G省、J省四省数据对比可以看出，由于四省产业结构和工业发展水平不同，所以重要江河湖泊水功能区污染物总量减排的目标值相差较大，总体来看，H省、Z省两省污染物减排效果显著，化学需氧量和氨氮总排放量下降幅度均超过10%，J省下降幅度较低，但四省污染物减排量均已达到目标。

（2）制度建设情况。考核组结合年度工作重点，对五省制度建设和措施落实情况进行资料核查，主要是对上报的自查报告、复核基数资料进行完整性、一致性、合理性的审核。总体而言，五省制度建设和措施落实情况较好，上报资料全面，表格填写完整，支撑材料较为完整。

1）全面推进河长制的建设与实施。按照《中共中央办公厅国务院办公厅印发〈关于全面推行河长制的意见〉的通知》（厅字〔2016〕42号）要求和水利部等部委电视电话会议精神，五省均将全面推行河长制作为年度工作的重点内容，省委省政府出台相关具体工作方案，积极推进河长制有关的各项制度建设，构建完成河长体系，使得责任落实到位，河长制各项制度体系逐渐建立完善，监督检查和考核评估落实到位，河湖管治成效显著，五省河长制相关工作均已落实。

2）取水许可及水资源论证制度。五省在不断完善以往取水许可及水资源论证制度的基础上，不断推进落实水资源论证、取水许可审批事中和事后监管制度；贯彻落实《水利部关于做好取水许可和水资源论证报告书整合审批工作的通知》的精神，制定了本省农业取水许可管理工作方案，积极推动农业取水许可管理工作全面落实；进一步规范取水许可审批介入时间，明确报告书技术审查要求，严格取水许可申请审批以及许可证核发与延续程序，农业灌溉区取水许可管理更加规范。

3）水资源用途管制制度。按照河长制工作的相关要求，省河长办将水功能区、入河排污口纳入“一河一策”方案编制内容，制定了省级河流“一河一策”方案，市县两级“一河一策”工作也同步推进。同时，出台本省内各水功能区水资源规划方案，明确辖区内水资源行业配置。

4）地下水管理和保护制度。五省均下发相关文件及通知，明确地下水开采限制相关要求，严格控制取用地下水。五省中地下水开采严重的H省针对存在地下水超采问题的地区，由省级人大或政府出台相关管理条例、办法或政策性文件；划定并公布地下水禁采、限采范围；制定地下水超采治理方案和年度工作计划。J省印发了《J省人民政府关于公布地下水超采区和限采区范围的通知》（J政明电〔2013〕19号），明确了S1市浅层地下水小型超采区、S2市深层承压水小型超采区、S2市深层承压水中型超采区、B市浅层地下水中型超采区等超采区、限采区的范围，并提出了对超采区管理的相关要求；实施了《J省地下水超采区治理方案》（J政函〔2015〕111号），按要求分区制定了地下水超采年度工作计划，对地下水超采区进行综合治理。G省政府下发了《关于公布地下水超采区、禁采区和限采区范围的通知》（G政发〔2016〕2号）、《关于G省地下水超采区治理方案的批复》（G政函〔2016〕50号），就地下水超采区治理工作进行了具体安排，提出了治理时间表、路线图，超采区治理工作有序推进。Z省已于2010年年底完成承压地下水全面禁采；2016年省政府印发了《Z省水污染防治行动计划》（Z政发〔2016〕12号），明确了地下水保护目标和防治措施；新颁布的《Z省取水许可和水资源费征收管理办法》中明确规定，取水许可应当优先使用地表水，严格控制取用地下水；明确城市公共供水管网能够满足用水需要时，不再批准地下水取水，并逐步关闭原有自备取水井。

5）用水定额、计划用水和节水管理制度。五省均按照相关规定开展用水定额制定、修订和备案工作，为落实最严格水资源管理制度，强化用水效率红线管理、取水许可审批等提供了重要依据。出台本省内节水型社会达标建设工作实施方案，逐级前面推进节水工作。

6）水价和水资源费制度。按照《国务院办公厅关于推进农业水价综合改革的意见》（国办发〔2016〕2号）要求，五省均出台了本省具体的工作方案，开展农业水权制度建设，积极推进农业用水精准补贴政策，根据《国家发展和改革委员会　财政部　水利部关于水资源费征收标准有关问题的通知》（发改价格〔2013〕29号）调整省内各相关收费标准。

7）水功能区划及相关管理制度。五省均出台或修订了省级水功能区监督管理办法或文件，制定了年度水功能区监测方案，满足达标评价和相关技术规范要求；落实河长制相关工作要求，组织开展省内主要河湖管理范围划定工作；出台并落实省级入河排污口监督管理的办法或文件，不断完善水功能区规划及相关管理制度。

8）重要饮用水水源地安全评估制度。五省均出台了落实重要饮用水水源地安全评估制度的相关工作方案和通知，对本省重要饮用水水源地安全评估工作进行全面部署，每年对省内重点城市集中式饮用水水源环境状况开展评估；并按要求制定了重要饮用水水源地突发事件应急预案。

9）水资源管理考核制度。五省均出台政策文件推进落实最严水资源管理考核制度，建立水资源消耗总量和强度双控目标责任制，省级政府主要领导人对辖区内水资源管理和保护工资负总责，明确了各部门职责，形成了政府负责、部门协作、齐抓共管的局面；明确考核结果纳入对地方人民政府主要领导干部综合考核评价体系。同时，省里将水资源消耗强度指标分解到各市，市里根据控制指标进一步分解到各县，完成水资源总量和控制指标的下达，实现省、市、县三级指标全覆盖。

（3）措施落实情况。

1）五省在农业节水和高耗水行业节水方面成效显著，贯彻落实了节水优先的方针，通过设立专项资金、开展水平衡测试、配备计量器具、对标用水定额、推进农业节水工程建设等措施确保实现节水目标。

2）用水定额和计划用水管理。G省在取水许可和水资源论证中，对火电、钢铁、纺织、造纸、石油石化、化工、食品发酵、高档洗浴、洗车、高尔夫球场、人工滑雪场等高耗水行业，依据国内同行业先进用水定额核定取水量，对纳入取水许可管理的用水户实行计划用水管理，按月核定下达用水计划，并对上年度计划落实情况进行审核。C省修订完成74个行业工业产品用水定额，完成了农业灌溉用水定额和C省城市生活用水定额修订；加强用水定额成果应用和管理，将用水定额用于水资源规划编制、建设项目水资源论证、取水许可审批、计划用水管理、节水水平评估、节水载体创建等各方面。Z省推进《取水户年度取水计划管理规定》，省市县三级均已按照审批权限实现了取水户计划用水管理工作全覆盖，按照规定申请、核定、调整和下达用水计划。

3）管网漏损和公共节水方面，G省积极开展城市二次供水和地下管网改造工程，加大对市政配水管线和供水管网建设、维修、保养力度，对城镇管网建设与改造设置专项奖补资金；Z省持续推进"五水共治""抓节水"工作，大力实施老旧供水管网改造；C省建立供水管网定期检测和漏损控制工作机制，开展城市居民住宅庭院供水管网和一户一表改造；H省财政厅设立了城镇供水管网建设与改造奖补资金，重点补助南水北调受水区县级城市供水管网建设与改造。

4）水价改革和水资源税征收管理方面，五省积极落实居民用水阶梯水价制度。推进实行城镇居民阶梯水价制度和城镇非居民用水超计划、超定额累进加价制度，全面落实农业水价综合改革，按标准及时足额征收水资源费。

5）在非常规水源利用和节水宣传方面，五省都积极开展各项节水专项宣传活动，利用"世界水日""中国水周"等积极开展各项相关活动，并利用网络以及传统媒体，积极传播节水意识。

6）不断强化水资源保护工作。五省在饮用水水源地的保护和污染监管方面都做了非常充分的工作；不断加强对入河排污口的监督管理；在省界缓冲区管理方面的工作也不断加强，每月及时向流域机构保送相关功能区水质检测材料。

7）不断落实监督与管理措施。继续加强水资源论证与取水许可的监督管理，在江河水量分配及调度计划执行方面积极配合国家流域机构编制分配方案；继续加强地下水管理和超采区综合治理；加大对水功能区的监管力度。

8）基础能力建设不断加强。在考核结果运用方面，加强对河长的绩效考核和责任追究，实行差异化绩效评价考核，将领导干部自然资源资产离任审计结果及整改情况作为考核的重要参考，考核结果作为地方党政领导干部综合考核评价的重要依据；C省及H省积极组织国控项目取用水户管理单位签订运行维护协议，明确管理单位和责任，落实运行维护单位和责任人，确保系统正常运行。国控项目（一期）的数据上报率、及时率、完整率均达到国家要求。在水资源计量监控和用水统计方面，按要求向水利部及流域管理机构报送重要水功能区、入河排污口、饮用水源地监测和评估数据，并制定水资源监控系统运行维护管理办法，明确了水资源信息系统相关技术要求。同时加强取水许可台账动态管理。在水资源统一管理和队伍建设方面，逐步完善水资源管理机构的设置。

各省出台的相关政策文件见表4－17。

表4－17　　五省出台的相关文件

省份	出台政策文件
H省	《H省实行河长制工作方案》； 《2017年度河长制工作督察方案》； 《关于加强取水许可可延续工作的通知》； 《H省农业取水许可工作方案》； 《H省水安全实施纲要》； 《H省节约用水规划（2016—2020年）》；

续表

省份	出台政策文件
H省	《H省水资源消耗总量和强度双控实施方案》； 《H省中长期供求规划》； 《关于公布地下水超采区、禁止开采区和限制开采区范围的通知》； 《H省地方标准〈用水定额〉（DB13/T 1161—2016）》； 《H省县城节水型社会达标建设工作实施方案（2018—2020年）》； 《H省节约用水规划（2016—2020年）》； 《H省农业水权交易办法》； 《关于推进农业水价综合改革的实施意见》； 《农业水价改革及奖补办法》； 《关于调整水土保持补偿费收费标准的通知》； 《关于做好水功能区和入河排污口监督管理工作的通知》； 《H省H流域国家重点水功能区水质监测方案（2017年度）》； 《H省L流域水功能区水质监测方案（2017年度）》； 《H省县城及以上集中式饮用水水源地安全防护专项行动方案》； 《关于开展全省集中式饮用水水源环境状况评估和基础信息调查工作的通知》； 《H省城市供水系统重大事故应急预案》； 《应对突发性水污染事件管理办法》
G省	《G省全面推行河长制工作方案》； 《省水利厅关于加强取水许可动态管理的实施意见》； 《关于深化取水许可审批改革的通知》； 《G省农业取水许可管理工作方案》； 《关于开展入河排污口调查摸底和规范整治专项行动的通知》； 《关于公布地下水超采区、禁采区和限采区范围的通知》； 《关于G省地下水超采区治理方案的批复》； 《G省行业用水定额（2017版）》； 《县域节水型社会达标建设工作实施方案》； 《G省推进农业水价综合改革实施方案》； 《G省农业水价综合改革2017年度工作计划》； 《节水奖励基金使用管理办法》； 《精准补贴资金使用管理办法》； 《关于水土保持补偿费收费标准的通知》； 《G省水功能区管理办法》； 《G省水功能区水质监测工作方案（2017—2020年）》； 《关于G省国家重要江河湖泊水功能区纳污能力核定及分阶段限排总量控制方案的函》；

续表

省份	出台政策文件
G省	《入河排污口监督管理办法》； 《G省城市饮用水水源地安全保障规划》； 《G省城市水源地现状调查及重要饮用水水源地保护治理方案》； 《G省“十三五”实行最严格水资源管理制度考核工作方案》； 《省水利厅省发展改革委关于印发〈G省“十三五”水资源消耗总量和强度双控行动实施方案〉的通知》
Z省	《关于全面深化落实河长制进一步加强治水工作的若干意见》； 《Z省全面深化河长制工作方案（2017—2020年）》； 《Z省河长会议制度》； 《Z省河长制信息化管理及信息共享制度》； 《关于做好全省“五水共治”（河长制）重点任务及项目进展情况通报信息报送的函》； 《Z省河长制工作督察制度》； 《Z省2017年度河长制长效机制考评细则》； 《Z省河长制建立验收办法》； 《Z省取水许可和水资源费征收管理办法》； 《Z省水行政许可事中事后监督检查有关规定》； 《Z省“一河（湖）一策”编制指南（试行）》； 《Z省地质灾害防治与地质环境保护“十三五”规划》； 《Z省县域节水型社会达标建设工作实施方案（2018—2022年）》； 《Z省水资源管理条例》； 《Z省节水型社会建设规划纲要（2018—2022年）》； 《Z省“十三五”期间“抓节水”工作实施方案》； 《Z省农业水价综合改革总体实施方案》； 《Z省农业水价综合改革2017年度实施计划》； 《农业水价综合改革工作绩效评价办法（试行）》； 《Z省水功能区管理细则（试行）》； 《关于开展水功能区确界立碑工作的通知》； 《关于全面开展河湖生态空间划定工作的通知》； 《Z省入河排污口监督管理细则》； 《Z省突发环境事件应急预案》； 《Z省环境污染和生态破坏突发公共事件应急预案》； 《钱塘江流域水环境安全应急预案》； 《Z省人民政府关于实行最严格水资源管理制度全面推进节水型社会建设的意见》；

续表

省份	出台政策文件
Z 省	《Z 省实行最严格水资源管理制度考核办法和“十三五”工作实施方案》； 《Z 省实行水资源消耗总量和强度双控行动 加快推进节水型社会建设实施方案》
J 省	《J 省全面推行河长制实施工作方案》； 《J 省水利厅取水许可监管办法》； 《J 省水资源综合规划》； 《S 流域综合规划》； 《L 综合规划》； 《J 省地下水超采区治理方案》； 《J 省县域节水型社会达标建设工作实施方案》； 《J 省节水型社会建设“十三五”规划》； 《J 省人民政府办公厅关于推进农业水价综合改革的实施意见》； 《J 省农业水价综合改革实施计划》； 《J 省物价局 省财政厅 省水利厅关于调整水资源费征收标准及有关问题的通知》； 《J 省水功能区管理细则》； 《J 省 2017 年国家重要江河湖泊水功能区水质监测方案》； 《J 省城镇饮用水水源保护条例》； 《J 省加强饮用水水源保护和管理工作方案》； 《水利部 国家发展和改革委关于印发〈“十三五”水资源消耗总量和强度双控行动方案〉的通知》； 《J 省落实“十三五”水资源消耗总量和强度双控行动工作方案》； 《关于开展 2017 年度节水型企业组织申报和评估工作的通知》； 《关于开展 2017 年度公共机构节水型单位组织申报和评估工作的通知》； 《关于加强全省重点监控用水单位监督管理工作的通知》； 《关于印发全省重点用水行业企业名录的通知》
C 省	《C 省全面推行河长制主要任务分解》； 《C 省河长制工作规定（试行）》； 《C 省河长会议制度（试行）》； 《C 省城市供水节水管理条例》； 《C 省水资源管理条例》； 《C 省取水许可和水资源费征收管理办法》； 《贯彻落实国务院水污染防治行动计划实施方案》； 《市政府办公厅关于推进农业水价综合改革（试点）的实施意见》；

续表

省份	出台政策文件
C省	《关于调整城市居民用水水资源费征收标准的通知》； 《关于调整我市发电取水水资源费征收标准的通知》； 《关于水土保持补偿费收费标准的通知》； 《C省S水库库区及流域水污染防治条例》； 《关于加强水功能区监督管理的通知》； 《关于开展2017年全市水功能区水质监测工作的通知》； 《关于开展全市水功能区标志牌设立工作的通知》； 《C省排污口设置管理办法》； 《关于加强入河排污口监督管理的意见》； 《关于做好重要饮用水水源地安全保障达标建设和2016年自查评估工作的通知》

5. 考核工作特点

（1）部署推动层级高。考核工作组派出14个检查组，对全国31个省（自治区、直辖市）进行了现场检查，提升了考核工作合力和权威性。地方政府对考核工作以及进一步落实最严格水资源管理制度的重视程度和工作力度明显增强。

（2）前期工作准备实。在集中开展技术复核与资料核查的基础上，委托七个流域机构采取明察暗访等方式，进一步核实地方落实最严格水资源管理制度有关情况；同时采纳中央环保督察、河长制检查、水资源管理专项监督检查等十余项相关成果，编印了31个省（自治区、直辖市）的考核参阅材料，作为考核赋分、抽查和现场检查的重要参考，进一步拓展和丰富了考核形式及内容，有助于更加全面、客观评价地方落实最严格水资源管理制度的工作进展及成效。

（3）督促整改力度大。2017年度考核工作将上一年度（2016年度）考核及水资源管理专项监督检查等发现问题的整改落实情况作为核查和检查的重要内容，并在现场检查过程中对尚未完成整改的问题进行督导；现场检查结束后，各检查组及时向省（自治区、直辖市）人民政府反馈意见，指出检查发现存在的各类问题，提出明确整改意见和要求；针对2017年度考核发现的突出问题，采取“一省一单”方式通报各地，跟踪督促整改落实。

（三）典型省份考核工作开展情况对比分析

选择N省、F省、G省、H省、Q省等进行了深入调研，根据调研掌握到的信息，主要从组织安排、考核实施过程、考核结果等3个方面来对比考核工作的开展情况。

1. 组织安排

各省份考核组织安排情况详见表4－18。从表中可以看到，各省份均按照国务院《考核办法》的要求建立了相应的组织体系，建立了多个相关部门共同参与的考核工作组，并参照国家考核的形式，通过印发考核方案、年度考核通知等方式组织各地完成考核工作。各省份仅在推动考核工作的具体层级、通知文件发文主体、现场检查带队领导层级等方面存在差别。

表4－18　　典型省份考核组织情况表

省份	印发考核方案	印发年度考核通知	现场检查组织情况	考核工作组成员单位
N省	自治区政府办公厅	自治区政府办公厅	自治区政府副秘书长任组长	自治区政府办公厅、水利厅、发展改革委、财政厅、经信委、教育厅、国土厅、环保厅、住建厅、农牧厅、机关事务管理局、统计局
F省	省水资源管理委员会办公室	省水资源管理委员会办公室	水利厅、环保厅、住建厅、经信委厅级干部带队	省水资源管理委员会办公室、水利厅、发展改革委、财政厅、环保厅、经信委、住建厅、国土厅、农业厅、审计厅、统计局

续表

省份	印发考核方案	印发年度考核通知	现场检查组织情况	考核工作组成员单位
G省	省水利厅等9部门	省水利厅	—	省水利厅、发展改革委、工信委、财政厅、自然资源厅、生态环境厅、住建厅、农业农村厅、统计局
H省	—	省实行最严格水资源管理制度考核小组办公室	—	省水利厅、发展改革委、工信厅、财政厅、自然资源厅、生态环境厅、住建厅、农业农村厅、审计厅、统计局
Q省	省水利厅等10部门	省水利厅	—	省水利厅、发展改革委、工信厅、财政厅、自然资源厅、生态环境厅、住建厅、农业农村厅、林草局、统计局

2. 考核实施过程

各省考核实施过程情况详见表4-19。从表中可以看出，N省、F省、H省、Q省4个省份均在考核年度即部署考核工作，印发年度考核方案，明确年度考核重点及工作安排，考核过程也都是参照国家考核的形式，采取了自查、核查、现场检查、形成考核结果这样的程序。各省仅在考核工作中部门职责分工、具体考核内容及赋分等方面有所区别。

3. 考核结果

各省发布考核结果时间普遍较晚，最早的N省要在7月，最晚的G省12月才发布；考核结果向地市反馈情况基本都采用的是“一省一单”的方式；考核结果应用方面，各个省份做法各有特色，比如F省直接将考核结果报送省委组织部，N省和G省在多个方面进行了应用，见表4-20。

表 4-19 典型省份考核实施过程情况表

省份	考核时间节点	考核工作职责分工	考核内容特点	赋 分
N省	2017年9月制定考核方案，2018年2月1日前提交自查报告，3月15日前向自治区政府提交考核结果	在年度考核工作方案中，明确了12项考核指标的考核责任单位，其中水利厅仅负责用水总量和农田灌溉水有效利用系数2项指标	将实行最严格水资源管理制度与节水型社会建设结合起来，一并实施考核；目标完成情况增加了工业用水重复利用率、节水型企业覆盖率等指标，共有12项指标	2017年度目标完成情况、制度建设和措施落实情况权重系数分别为0.6和0.4
F省	当年10月份发布年度考核方案，翌年1月底前提交自查报告，2—3月份开展现场检查	考核工作组各成员单位分别带队开展现场检查工作	—	—
H省	2017年7月制定年度考核方案，市州2018年2月底前提交自查报告，现场检查在4—5月开展，6月底前将考核结果提交省政府	—	每年对主要江河市州交界断面水质目标完成情况考核，2016年度对用水大户及高耗水、高污染企业用水情况进行单独考核，2017年对省级重要饮用水水源地水质是否达到Ⅲ类进行单独考核	—
Q省	每年6月左右部署当年度考核，翌年1月10日前提交自查报告，1月底前考核结果报省政府	—	设置了一般江河湖泊水功能区水质达标率指标；将制度措施落实情况细化为易量化考核的13项指标	资料复核过程中将发现的问题现场反馈各市州，在沟通、复核和完善资料的基础上，对各项考核内容进行打分

表 4-20　　典型省份考核结果情况表

省份	考核结果形成时间	考核结果向地市反馈情况	考核结果应用情况
N省	2016 年度考核结果于 2017 年 7 月初发布	—	2018 年将万元工业产值用水量纳入工业园区效能目标管理考核；用水总量、农田灌溉水有效利用系数、万元 GDP 用水量、万元工业增加值用水量和水环境质量纳入自治区效能考核指标体系；将考核结果作为自治区 50%水资源税分配的依据
F省	2017 年度考核结果于 2018 年 11 月发布	省水资源管理委员会办公室将各省考核分数及主要问题发文通报给各市政府	省水资源管理委员会办公室将考核结果函报省委组织部
G省	2016 年度考核结果于 2017 年 12 月发布	省水利厅以“一市一单”方式反馈各市州政府	单位国内生产总值用水量下降指标纳入市州政府贯彻落实新发展理念考核，纳入小康监测指标；单位工业增加值用水量纳入各级政府科学发展政绩考核；用水总量、用水效率、水功能区水质达标率、水土流失治理率等指标纳入了绿色发展考核体系
H省	2017 年度考核结果于 2018 年 9 月发布	—	—
Q省	—	—	2018 年度最严格水资源管理制度考核纳入省委考核办开展的市州党政领导班子年度目标责任绩效考核，2019 年 2 月底水利厅派人参加考核打分工作

三、地方考核特色做法以及同国家考核衔接情况

通过对多个省份的调研，发现部分省份在不同方面采取了很多符合当地实际、推动考核更好发挥作用的做法，也高度重视省内考核与国家考核的衔接工作，在考核时间、考核指标与考核内容设置等方面均做了相应的考虑。

（一）地方考核特色做法

1. 发挥不同部门的协同作用

国家考核工作中部门协作主要体现在：①“十三五”考核实施方案由多部门联合印发；②考核工作中其他部门派员1～2位参加现场检查；③考核结果由多部门联合报送国务院。

N省和F省在政府统筹推进、充分发挥其他部门作用方面进行了有益的创新。N省的考核方案和年度考核通知均由自治区政府办公厅印发，考核方案中为每一项目标完成情况考核指标明确了责任单位（表4-21），强化了各级政府对实行最严格水资源管理制度考核工作是一项政府行为的认识。F省的考核方案和年度考核通知由省水资源管理委员会办公室印发。F省水资源管理委员会是由省政府批准成立的，由省政府主要领导任主任，省政府分管领导任副主任，成员单位包括与水资源相关的各个部门，因此可以说对考核工作的推动层级相当高。在考核工作中，现场检查组由考核工作组成员单位的厅级干部带队，每个单位负责一个现场检查组的工作，充分发挥了各个部门的作用。

表4-21　N省目标完成情况各项考核指标及其责任单位

序号	考核指标	考核责任单位
1	用水总量	自治区
2	万元工业增加值用水量	经信委

续表

序号	考核指标	考核责任单位
3	万元 GDP 用水量	发展改革委
4	农田灌溉水有效利用系数	水利厅
5	工业用水重复利用率	经信委
6	城镇污水处理率	住建厅
7	再生水回用率	住建厅
8	供水管网漏损率	住建厅
9	节水型企业覆盖率	经信委
10	节水型公共机构覆盖率	机关事务管理局
11	重要江河湖泊水功能区水质达标率	环保厅
12	集中式饮用水源地水质达标率	环保厅

2. 提前明确当年的考核方案，以考核促工作

国家考核一般是在第二年年初印发年度考核通知时才明确考核方案，这种做法一方面让地方考核准备工作较为仓促，另一方面不利于发挥考核对日常重点工作的导向和指挥棒作用。N 省、F 省、H 省、Q 省 4 个省份全都是在考核年度当年 6—10 月印发考核方案，一方面为考核工作完成提供了更充裕的时间，另一方面通过在考核方案中充分体现当年的重点工作要求，从而发挥考核的导向作用，进一步推动重点任务的顺利完成。

3. 考核内容因地制宜，突出重点，提升可操作性

调研的部分省份在因地制宜设置考核内容和重点，以及提升考核可操作性方面做了很好的尝试。N 省将实行最严格水资源管理制度与节水型社会建设结合起来，一并实施考核，考核更加全面，提升了考核效率，目标完成情况增加了工业用水重复利用率、节水型企业覆盖率等 8 项指标，这些数据指标能够更加客观准确地反映考核实际。H 省针对本省的工作重点，每年对主要江河市

州交界断面水质目标完成情况开展考核，2016 年度开展了对用水大户及高耗水、高污染企业用水情况的单独考核，2017 年又对省级重要饮用水水源地水质是否达到Ⅲ类进行了单独考核。Q 省针对本省情，专门设置了一般江河湖泊水功能区水质达标率考核指标，并将制度措施落实情况细化为县域节水达标率、节水型机关建成率等易量化考核的 13 项指标。

4. 探索途径强化考核结果应用

如何将考核结果运用起来，充分发挥考核的约束作用，是决定考核作用发挥的重要一环。N 省在 2018 年将万元工业产值用水量纳入工业园区效能目标管理考核，将用水总量、农田灌溉水有效利用系数、万元 GDP 用水量、万元工业增加值用水量和水环境质量纳入自治区效能考核指标体系，将考核结果作为自治区 50% 水资源税分配的依据。G 省将单位国内生产总值用水量下降指标纳入市州政府贯彻落实新发展理念考核，并纳入小康监测指标，将单位工业增加值用水量纳入各级政府科学发展政绩考核，将用水总量、用水效率、水功能区水质达标率、水土流失治理率等指标纳入了绿色发展考核体系。Q 省将 2018 年度最严格水资源管理制度考核结果纳入省委考核办开展的市州党政领导班子年度目标责任绩效考核，2019 年 2 月底水利厅派人参加了省委考核办组织的考核打分工作。

（二）国家考核与地方考核之间的衔接状况

（1）考核内容的衔接问题。很多省份都是在当年就提前下达年度考核方案，如 N 省、F 省、H 省、Q 省全都是在当年 6—10 月印发考核方案，而国家考核年度方案一般在第二年的 2 月才印发，这导致考核内容方面可能会存在一定的不一致，这种情况下，各省还需要组织各地补报部分数据和材料。

（2）考核时间的衔接问题。国家考核一般是要求 3 月底前提交自查报告，如果此时省内考核已经完成自查报告上报和核查等工作，将能与国家考核有更好的衔接。从调研的几个省份来看，省内考核基本上都要求在 2 月底前提交自查报告，这样各省在准备国家考核自查报告时就能够有较好的支撑。

（3）考核结果的一致性问题。国家考核和省内考核对同一个考核指标采用同一套标准、同一个断面的数据，才能保证结果是一致的。在调研中，N 省就出现了考核数据出处不一致导致的考核结果不一致的问题，如水功能区水质达标率指标，N 省考核时采用的是环保部门的数据，而国家考核时采用的黄委监测数据，二者存在监测断面不完全一致的问题。

第五章

最严格水资源管理制度考核跟踪评估发现的问题及剖析

历年来，在评估考核工作开展情况及其效果过程中发现了不少问题，有的问题属于阶段性问题，后续已经得到解决；有的问题如同顽疾一般，一直未能得到很好解决。本章将对不同时期的不同问题进行梳理和剖析，其中持续存在的顽疾放到本章第三部分"'十三五'后两年考核跟踪评估发现的问题及剖析"中讨论。

一、"十二五"时期考核跟踪评估发现的问题及剖析

"十二五"时期实行最严格水资源管理制度考核工作所采取的组织形式逐年有了一定调整，能够更好地满足考核需要，提升考核效率和考核结果准确性，但是在落实政府主体责任等方面仍然存在不足。

（一）考核组织情况方面

最严格水资源管理制度考核工作所采取的组织形式基本上能够满足考核需求，有效保障了考核工作的有序开展和顺利完成。但是通过分析发现，部分环节仍存在影响考核工作顺利高效开展的问题。

1. 地方人民政府的主体责任落实不到位

按照国务院的要求，各省级行政区人民政府是实行最严格水资源管理制度的责任主体，政府主要负责人对本行政区域水资源

管理和保护工作负总责，国务院对各省级行政区落实最严格水资源管理制度情况进行考核。然而实际工作中，地方人民政府的主体责任落实不到位，政府主要负责人对最严格水资源管理制度落实及考核工作关心支持力度不够，人民政府在协调不同部门之间信息共享、相互配合、齐抓共管等方面力度不够。

2. 水利部门以外的其他部门参与程度不足

从国家层面来讲，按照国务院要求，考核工作由水利部门会同发改、工信等部门共同组织实施，然而实际中水利部门以外其他部门参与程度严重不足，考核办法中规定的11个参与部门到2015年度考核实施中已只有9个部门参与，这也直接导致各地在落实最严格水资源管理制度及开展相关考核准备工作时，水利部门以外其他部门参与程度严重不足。当地方考核成绩不佳时“挨板子”的是水利部门。从调查问卷情况来看，有超过62%的被调查人员认为其他部门参与程度不够。

3. 给地方政府开展自查工作提供的准备时间不足

目前年度考核方案一般在2月初印发，要求自查报告要在3月底前上报，考虑到文件下发及转发流程、不同部门之间衔接、春节放假等因素，自查报告编写时间非常有限。此外，自查报告最后要以省政府文件的形式上报，还需要一定的公文运转等流程，时间紧张，工作难度很大。从调查问卷情况来看，有超过66%的被调查人员认为应当给予更加充分的自查时间。

4. 年度考核频次高，基层负担较重

目前每年开展全面考核，给地方带来了十分沉重的负担。对于省一级来说，既要接受国家考核，又要组织开展本省的地市考核，相关任务基本要贯穿全年，严重影响水资源管理其他工作的开展。对于更加基层的市县两级水利部门，本来水资源管理方面就存在专业人员短缺等问题，还要应对繁杂的上级考核工作，更加难以保障开展有效的水资源管理工作。

5. 现场检查与重点抽查的组织过程有待进一步完善

（1）现场检查与重点抽查通知下达地方时间较晚，在确定抽查地点后距离开展检查一般只有几天时间，导致地方准备不充分。从问卷调查情况来看，超过60%的被调查人员表示时间紧张。

（2）检查组人员组成和工作分工方面缺乏统筹考虑。问卷调查结果显示带队领导级别不够、检查组专业构成不合理等方面意见较多。

（3）现场检查时间紧张，存在走马观花看工程的现象。由于提前沟通协调不足等原因，到达检查点后存在检查重点不明确、部分检查材料准备不齐全、现场协调不力、数据核实与调查时间不足等情况。

（二）考核指标、权重和计算方法方面

1. 考核目标设置较为合理

《考核办法》已经明确了各省级行政区到“十二五”末即2015年用水总量、用水效率及重要江河湖泊水功能区水质达标率的控制目标，考核期内各个年度的考核目标则由各省级行政区依据期末控制目标在年初自行确定。因此，考核目标值的设定基本上能够得到认可。

2. 目标考核与制度措施考核权重设置不够合理

从2013年度开始开展考核起，目标考核所占权重逐年提高，2013年为30%，2014年为40%，2015年为50%，目的是逐步增加定量评价所占权重，更加有效反映直接的工作成效，并且制度建设和措施落实方面经过最严格水资源管理制度出台以来的持续工作，已经取得较为显著成效，因此适当提升目标考核所占权重，并相应降低制度建设和措施落实情况考核所占权重。然而由于目前计量和监测手段依然缺乏，目标考核指标缺乏准确的数据来源，如果考核中给予目标考核更大权重，会影响最终考核结果的准确和公正，并且综合考核结果、调查问卷和调研情况等多方面情况，制度建设和措施落实情况仍然存在很大进步空间，应当更加重视这方面的考核。

3. 部分考核指标分值设置不够科学

（1）关于节水方面制度建设与措施落实方面的考核未能充分考虑南北差异。按照国务院印发的各省用水效率控制目标，南方丰水地区、欠发达地区的控制目标要明显低于北方缺水地区和发达地区，而在制度建设和措施落实情况考核指标的设置上，对这方面的考虑不足，未能充分体现南北差异。

（2）对规划水资源论证、水资源费使用、节水型社会建设、基层水资源管理能力建设等方面重视程度不够，指标分值权重设置过低。

（3）部分考核指标概念不够清晰，数据来源不够明确。如考核中要求的“地方政府或有关部门将重要水功能区限制排污总量意见作为水污染防治和污染物减排的重要依据”缺乏抓手，难以核实。

4. 部分指标计算方法不合理

以水功能区水质达标率为例，按照目前的评分方法，四川省2030年的水功能区水质达标率即使达到100%，该项评分依然无法得到满分，说明评分方法不够合理。

（三）考核数据质量方面

总体来看，考核数据较为可靠，基本上能够准确反映被考核地区最严格水资源管理制度各方面的落实情况。但是由于多方面原因，部分考核数据质量仍有提高的空间。

1. 部分地方在部分指标数据测算过程中存在差错

用水总量、万元工业增加值用水量、农田灌溉水有效利用系数、重要江河湖泊水功能区水质达标率等指标均有明确的统计和测算技术方案，完成全省数据的测算是一项非常复杂的工作，部分地方自查报告中填报的数据经过考核办的技术复核能够发现存在明显纰漏。

2. 部分考核数据难以获取

考核时间同统计数据出炉时间不一致，导致部分考核数据难以获取，影响了考核工作的开展，如由统计部门提供的地方经济状况数据要在6月底左右才有，自查阶段缺乏权威数据来源。

3. 部分考核指标的真实性难以准确核实

（1）由于缺乏监测手段，部分实时性数据难以核实。对于四项目标值来说，除了水功能区水质达标率监测数据较为充分，其他三方面数据的获得更多采用的是统计方法，由于缺乏监测数据，在自查报告数据复核和现场检查阶段均难以对原始数据进行核实。

（2）部分指标在现场检查过程中缺少有效核实手段，如需要现场勘查的水功能区保护情况、取水许可证许可的退出点实际位置情况等，由于现场检查时间紧，任务重，考核组在一个省级行政区开展工作的时间一般仅有3天左右，在短时间内很多这类指标的真实性无法有效核实。

二、“十三五”前两年考核跟踪评估发现的问题及剖析

进入“十三五”时期后，在反映新情况新要求的同时，对“十二五”期间考核工作的经验教训进行了总结，编制完成了“十三五”考核方案，“十二五”期间存在的部分突出问题得到了解决，但仍然存在不少问题。

（一）解决了“十二五”期间存在的部分问题

将年度考核工作通知的发布时间提前到了1月份，为各省自查报告的准备提供更加充裕的时间，有利于减轻基层工作负担。

更加注重日常监管成果的利用，将考核工作组成员单位组织

开展的水资源管理专项监督检查、地下水压采工作考核等日常管理与考核结果纳入年度考核评分，减轻了现查检查与重点抽查的工作压力。

现场检查的组织水平相较往年有了较大提升，提前印发通知，明确了现场检查的具体方案，为地方提供了较为充分的准备时间，方便进行必要的提前准备；在2017年度考核中，还综合专项监督检查、国控系统信息采集、技术核查、明察暗访等多种方式和渠道掌握的问题，同时结合河长制检查、中央环保督查等十余项成果，制定“一省一单”的考核参阅材料，作为重点抽查和现场检查的重要依据，使现场检查工作更加有的放矢。

调整目标完成情况权重为35%，更加契合实际情况。

考虑南北方地区水资源特点和差异，在多项考核指标和考核内容上区别设置考核标准和分值，进一步提升了考核的针对性、公平性和可操作性。

对部分考核指标进行了修正。

（二）未能解决的相关问题

水利部以外部门参与不足的问题依然未能得到很好解决，没有利用好编制“十三五”期间考核实施方案的契机，在顶层设计的角度完善部门间分工、负责和问责机制。

地方考核负担重的问题没能得到根本解决，虽然通过提前下发通知，为地方提供了更多准备时间，一定程度上减轻了工作压力，但是地方仍然面对着编写自查报告、提供大量证明材料、迎接现场检查等方面的负担。

（三）评估发现的新问题

1. 考核工作重视对文件出台情况的检查，缺乏对具体工作的考核

很多考核指标的计分方法都是出台相关文件或工作方案就能

得分，未能对具体工作的开展情况进行深入检查，这也导致部分地区专门为了应对考核而印发文件，而这些文件可能由于缺乏深入研究或者重视不够而无法发挥预期效果。这将导致刻意追求考核成绩的地区能够得高分，而不搞形式主义注重实干的部分地区考核“应试”能力可能较弱，反而得了低分。

2. 考核工作未能充分掌握实际情况，影响考核结果的客观公正

由于现场检查时每个省仅抽取两个检查点，抽查的不确定性可能成为结果发生差异的原因。一些地方在考核中抽取的地区以及所抽查的工程项目均为水资源管理工作较为扎实的点，最终考核得分可能不能全面、真实反映该地区的实际情况。

3. 考核中发现的问题多数来源于书面材料，未对实际工作中可能存在的问题进行深入挖掘

由于考核工作整个过程大部分是通过翻阅核查文件材料和数据资料等来完成的，因此考核结果中所提出的问题往往是从书面材料中发现的问题，也就是一些程序性问题，缺少对实操性问题的挖掘。例如水行政机关发放取水许可时未进行技术审查的问题通过查阅文件材料就能发现，这属于程序性问题，而实际取水量超出了取水许可的范围、未在许可位置设置退水点、未经许可擅自取水等方面的问题，则无法通过文件材料发现。

4. 重视自查和核查，对现场检查不够重视

现场检查本应是更加全面广泛发现问题的机会，考核工作实施以来，现场检查环节力度却一直不大，“十二五”期间一般一个省份现场检查时间为2～3天，对2个地级市、2个县、2个水功能区和4个用水户进行检查，时间紧任务重，存在走马观花看工程的问题。在2016年度考核中，又进一步简化了现场检查程序，进一步简化为只检查1个水功能区和1个重点用水户，缩短时间到1～2天，导致现场检查更加难以深入挖

掘实际中的问题。

5. 突出了南北方水资源禀赋差别，但对地区间发展水平和基础差异具体的特点未做考虑

南方与北方、丰水与缺水地区、发达与欠发达地区在水资源方面的情况是不同的，如果采取相同的评分标准，则会导致结果有失公平。《“十三五”考核方案》目标完成情况的5项考核指标、制度建设情况的地下水管理和保护制度等3项考核内容、措施落实情况的入河排污口监督管理等4项考核内容均根据南北方地区差异设置了不同的评分标准，体现了南北方地区差异化管理，也进一步提升了考核的针对性和公平性。但是目前发达和欠发达地区未做区分。由于发达和欠发达地区在加强用水效率和水功能区限制纳污等方面的能力和条件相差也较大，应当在考核中有所考虑。

（四）考核指标变化剖析

对于制度建设和措施落实情况考核指标，“十三五”期间各年度考核工作都以《“十三五”考核方案》确定的指标框架为依据，但每年在考核指标的具体评分点方面会有相应的调整。2016年度考核工作中对考核指标、计分方法和指标权重均进行了一定的调整，本节将从核心性、全面性、层次性、可操作性、可比性以及定量与定性相结合等几个角度对考核指标设计进行总体评估，并对计分方法和指标权重等进行综合评价。

1. 考核指标总体评估

（1）核心性原则评估。目标完成情况的6项考核指标、制度建设情况的9项考核指标以及措施落实情况的4项考核指标不仅和落实最严格水资源管理制度有着直接的关系，而且能够体现出核心性。

（2）全面性原则评估。为落实“河长制”“水资源消耗总量

和强度双控行动”等水资源管理新要求，2016 年度增加了“万元国内生产总值用水量降幅”“重要水功能区污染物总量减排量”2 个目标考核指标及“河长制度”建设情况等考核内容，同时，增设“创新奖励及其他加分项”和“一票否决”事项，使涵盖的内容更加广泛，能够较全面地反映落实最严格水资源管理制度的总体情况。此外，2013—2015 年度仅用“万元工业增加值用水量”和“农田灌溉水有效利用系数”两个指标来衡量用水效率，但是这两个指标仅能反映工业用水和农业用水两个领域的用水效率，无法反映整个社会经济发展的用水效率水平。而 2016 年度增加了“万元国内生产总值用水量降幅”指标，三项考核指标可以更加全面地反映用水效率水平。

（3）层次性原则评估。根据层次性原则，现行考核指标体系仅有一层，各项指标都是并列的，没有体现出最严格水资源管理包含“三条红线”，每一条红线对应若干项子制度的层次性特点。但是结合水资源考核实际问题，若层次太多可能会导致数据收集困难、可靠性差、可操作性降低等问题，甚至会弱化核心指标的影响。因此，这里不建议增加考核指标体系的层次性。

（4）可操作性原则评估。用水总量、万元国内生产总值用水量降幅、万元工业增加值用水量降幅、农田灌溉水有效利用系数、重要江河湖泊水功能区水质达标率和重要水功能区污染物总量减排量等指标均有明确的统计和测算技术方案，其数据可以通过监测手段或统计方法测算获取，具有较强的可操作性。

（5）可比性原则评估。每个地区考核指标都是统一的，可以实现地区间的横向可比；如果该考核体系长期实行，通过对多年数据的分析也可以实现本地区的纵向可比。此外，在满足可比性的同时也兼顾到灵活性，2016 年度考核指标的评分标准中充分考虑了南北方地区差异，能够使考核结果更加公平。

（6）定量与定性相结合原则评估。目标完成情况的各项指标采用定量测量，具有客观性；制度建设和措施落实情况则由于难以定量表达，故采用定性评价。定量与定性相结合能够更全面地反映最严格水资源管理制度的落实情况。

2. 考核指标变化的合理性分析

党的十八届五中全会明确要求实施水资源消耗总量和强度双控行动。2016 年 11 月，水利部、国家发展改革委专门印发《“十三五”水资源消耗总量和强度双控行动方案》。2016 年度考核工作积极贯彻落实中央关于实施“双控行动”的新要求，增加了“万元国内生产总值用水量降幅”考核指标，与政策导向相一致。

2016 年 12 月，中共中央办公厅、国务院办公厅印发《关于全面推行河长制的意见》，为了推动河长制的落实，2016 年度考核工作中把河长制落实情况作为重要考核内容，增加了“河长制度”考核指标，体现了政策要求。

2016 年度考核工作将制度建设情况和措施落实情况分开进行考核，不仅体现了河长制、水资源用途管制等当前重点建立或推进的水资源管理制度，而且更加注重措施落实和工作成效。同时，在措施落实中重点强化了节水优先和水资源保护，切实贯彻落实了新时期水利工作方针。

此外，通过增设“创新奖励及其他加分项”，体现了考核工作的创新性特点，通过鼓励水资源管理工作的创新，推动最严格水资源管理制度的有效落实；增设“一票否决”项，使考核工作的严格性、权威性得到进一步增强。

3. 计分权重变化的合理性分析

“十二五”期间，目标考核所占权重逐年提高，2013 年为 0.3，2014 年为 0.4，2015 年为 0.5，一方面是为了通过逐步增加定量评价所占权重，更加有效地反映直接的工作成效；另一方面是考虑到经过最严格水资源管理制度出台以来的持续工作，制度建设和措施落实方面应该是已经取得了一定成效，因此适当提升目标考核所占权重，并相应降低制度建设和措施落实情况考核所占权重。但是由于目前计量和监测手段依然缺乏，目标考核指标缺乏客观的数据来源，如果考核中给予目标考核更大权重，会影响最终考核结果的准确性和公正性。此外，考虑我国国情及水资源管理工作实际，制度建设和措施落实情况仍然存在很大进步空间。因此，2016年度适当降低目标考核所占权重，规定目标完成情况总分35分，制度建设和措施落实情况分别为30分和35分，使定量指标和定性指标权重分配更加合理。

但是从调研和调查问卷反映的意见来看，由于目标考核指标数据获取手段仍然不够先进完备，在一定程度上影响考核结果的准确性和公平性，同时最严格水资源管理制度的制度内涵仍在不断丰富，相关制度建设和措施落实仍然处于正在进行的过程中，特别是措施落实情况应当进一步加强考核，所占分数权重应进一步提高。

4. 指标评分方法变化的合理性分析

（1）评分方法更具可操作性。2013—2015年度，水功能区水质达标率的评分方法为：重要江河湖泊水功能区水质达标率大于等于年度考核目标值时，指标得分＝［（实际值－考核目标值）/考核目标值］×30＋30×80％，得分最高不超过30分；年度用水总量大于目标值时，目标完成情况得分为0分。按照该评分方法，四川省2030年的水功能区水质达标率即使达到100％，该项评分依然无法得到满分，说明该评分方法不够合理。2016年度则对各指标评分方法进一步完善，规定“红线”指标达到考核目标要求，该项指标分值得满分，否则不得分，使评分方法更具可操作性。

（2）评分方法更具激励性。2016 年度增设奖励分值，即在目标完成情况的考核中，根据目标完成的程度，奖励不同的分值。如万元国内生产总值用水量降幅达到目标值，且万元国内生产总值用水量低于 60 立方米（含 60 立方米），奖励分值为北方 1.5 分，南方 0.5 分；万元国内生产总值用水量降幅达到目标值，但万元国内生产总值用水量大于 60 立方米，下降率高于目标下降率 10％（含 10％）以上的，奖励分值为北方 1.5 分，南方 0.5 分，下降率高于目标下降率 5％～10％（含 5％）的，奖励分值为北方 1 分，南方 0.3 分。奖励分值的设置，有利于调动各地区落实最严格水资源管理制度的积极性。

（3）评分方法更具公平性和针对性。南方与北方、丰水与缺水地区、发达与欠发达地区在水资源方面的情况是不同的，如果采取相同的评分标准，则会导致结果有失公平。因此，2016 年度目标完成情况的 5 项考核指标、制度建设情况的地下水管理和保护制度等 3 项考核内容、措施落实情况的入河排污口监督管理等 4 项考核内容均根据南北方地区差异设置了不同的评分标准，体现了南北方地区差异化管理，也进一步提升了考核的针对性和公平性。但是目前发达和欠发达地区未做区分，由于欠发达地区发展基础较薄弱，所分得的用水指标也较低，导致经济社会发展所需水量受到较大局限。此外，发达和欠发达地区在加强用水效率和水功能区限制纳污等方面的能力和条件相差也较大，应当在考核中有所考虑。

2017 年度考核指标相比 2016 年度具体变化见表 5－1。仍然从核心性、全面性、层次性、可操作性、可比性以及定量与定性相结合等几个角度对考核指标设计进行总体评估，并对计分方法和指标权重等进行综合评价。

表 5-1 2017 年度考核指标相比 2016 年度变化情况

<table>
<tr><th rowspan="2">序号</th><th rowspan="2">考核指标</th><th colspan="2">具体考核内容与评分要求</th></tr>
<tr><th>2016 年度</th><th>2017 年度</th></tr>
<tr><td>1</td><td>河长制度（5 分）</td><td>落实《关于全面推行河长制的意见》。3 分。
出台省级河长制工作方案，明确省内主要江河湖泊河湖长。2 分</td><td>工作方案到位。省市县乡四级河长制工作方案印发实施，对任务进行细化实化。1 分。
组织体系和责任落实到位。总河长和分级分段河长全部设立并公告，县级以上河长制办公室建立。1 分。
省级六项制度全部建立。1 分。
水利部督导检查意见全部整改落实，省级对市县开展监督检查。1 分。
针对河湖突出问题，组织开展河湖专项整治行动，并取得一定成效。1 分</td></tr>
<tr><td>2</td><td>取水许可与水资源论证制度（4 分）</td><td>省级人大或政府出台取水许可管理条例、办法或政策性文件。1 分。
省级政府或其相关部门联合出台并实施规划及建设项目水资源论证政策性文件或相关管理规定。2 分</td><td>建立并落实水资源论证、取水许可审批事中和事后监管制度。3 分</td></tr>
<tr><td>3</td><td>水资源用途管制制度（2 分）</td><td>完成辖区内地、县级行政区用水总量控制指标分解。1 分</td><td>按照河长制工作要求，省市县组织开展“一河一策”方案编制，把水功能区、入河排污口作为“一河一策”方案编制重要内容。1 分</td></tr>
<tr><td>4</td><td>用水定额、计划用水和节水管理制度（4～5 分）</td><td>出台省级计划用水管理的办法或规范性文件。1 分</td><td>县域节水型社会达标建设年度任务完成情况。1 分</td></tr>
</table>

续表

序号	考核指标	具体考核内容与评分要求	
		2016 年度	2017 年度
5	水价和水资源费制度（2 分）	出台省级推行居民阶梯水价制度的法规或政策性文件。0.4 分。 出台省级推行非居民用水超计划超定额累进加价制度的法规或政策性文件。0.4 分。 出台省级农业水价综合改革年度实施计划和农业水权制度、农业用水精准补贴机制政策。0.4 分	出台省级农业水价综合改革年度实施计划和农业水权制度、农业用水精准补贴机制政策。1.2 分
6	水功能区划及相关管理制度（3～5 分）	建立水功能区达标评价制度，制定年度水功能区监测方案。南方地区 1 分，北方地区 0.3 分。 核定水功能区水域纳污能力，并向省级环境保护行政主管部门或省级人民政府行文提出水域限制排污总量意见。南方地区 2 分，北方地区 0.7 分。 出台并落实省级入河排污口监督管理的办法或文件。包括入河排污口台账、监测、设置同意、论证、通报、处罚等要求。1 分	制定年度水功能区监测方案，满足达标评价和相关技术规范要求。南方地区 1 分，北方地区 0.3 分。 落实河长制工作要求，建立全国重要江河湖泊水功能区标识。南方地区 1.5 分，北方地区 0.7 分。 按照落实河长制工作要求，组织开展省内主要河湖管理范围划定工作。0.5 分。 出台并落实省级入河排污口监督管理的办法或文件。包括入河排污口台账、监测、设置同意、论证、通报、处罚等要求。长江经济带 11 省（直辖市）还应制定并批复《长江经济带沿江取水口、排污口和应急水源布局规划》实施方案。南方地区 1 分，北方地区 0.5 分

续表

序号	考核指标	具体考核内容与评分要求	
		2016 年度	2017 年度
7	重要饮用水源地安全评估制度（4 分）	省级政府或其相关部门联合出台并落实饮用水水源地安全评估制度。1.5 分。 出台省级重要饮用水水源地名录。1 分	省级政府或其相关部门联合出台并落实饮用水水源地安全评估制度。2 分
8	水资源管理考核制度（2 分）	省级人民政府出台水资源消耗总量和强度双控行动落实方案。0.5 分	水资源消耗强度指标分解到县级行政区。0.5 分
9	农业节水和高耗水行业节水（4 分）	推进火电、钢铁、纺织染整、造纸、石油炼制等 5 个高耗水行业节水型企业建设。2 分（按照建成率赋分）	推进火电、钢铁、纺织染整、造纸、石油炼制等 5 个高耗水行业节水型企业建设。1 分（按照建成率赋分）。 推进重点监控用水单位监管，主要包括建立监控名录、健全计量监控设施、严格监督管理和内部节水管理等。1 分
10	非常规水源利用和节水宣传（2 分）	省级政府或其相关部门开展大型节水主题公益宣传活动。1 分	开展节水专项宣传活动。1 分
11	饮用水水源地保护（2 分）	完成全国重要饮用水水源地保护区划定，保护区内无违法排污行为或设施。1 分。 按《关于加强农村饮用水水源保护工作的指导意见》（环办〔2015〕53 号）要求，完成日供水 1000 吨或服务人口 10000 人以上的水源保护区或保护范围划定工作。0.5 分	完成饮用水水源地保护区或保护范围划定，保护区或保护范围内无违法排污行为或设施；按要求开展重要饮用水水源地达标建设。1.5 分

续表

序号	考核指标	具体考核内容与评分要求	
		2016 年度	2017 年度
12	入河排污口监督管理（2～3 分）	严格入河排污口监督管理。南方地区 1 分，北方地区 0.5 分。 严格新建规模以上（日排放废污水量 300 吨或年排放量 10 万吨）入河排污口审批，对《水法》出台前已有规模以上入河排污口进行登记。提供已审批和已登记的入河排污口清单（含位置、年污水排放量、主要污染物及浓度等信息）。南方地区 1 分，北方地区 0.5 分	落实河长制工作要求，严格入河排污口排查、等级、审批和监督管理。南方地区 2 分，北方地区 1 分
13	水生态修复和水系连通（1 分）	开展省内水生态文明建设和河湖健康评估。0.4 分。 完成中央补助河湖水系连通项目年度工作任务。0.3 分	按照落实河长制工作要求，开展河湖健康评估，完成中央补助河湖水系连通项目年度工作任务，组织开展河湖综合治理与生态修复工作并取得一定成效。0.7 分
14	水资源论证和取水许可管理（3 分）	水资源论证和取水许可日常监督管理。2 分。 按照《水利部关于加强农业取水许可管理的通知》（办资源函〔2015〕175 号）要求，开展大中型灌区农业取水许可管理。0.5 分	水资源论证和取水许可日常监督管理。2.5 分
15	江河水量分配及调度计划执行（2 分）	配合水利部开展跨省江河流域水量分配工作。0.3 分。 开展辖区内跨地级行政区江河流域水量分配工作，包括编制工作方案、组织开展相关工作等。0.2 分	开展辖区内跨地级行政区江河流域水量分配工作，包括编制工作方案、制定水量分配方案、批复分配方案。0.5 分

续表

序号	考核指标	具体考核内容与评分要求	
		2016 年度	2017 年度
16	水功能区监管（1～4 分）	省级政府将水域纳污能力或限制排污总量意见作为编制水体达标方案、黑臭水体整治、流域水污染防治规划编制等水污染防治和污染减排重点工作的依据。南方地区 1 分，北方地区 0.2 分。 全面实施水功能区监管办法，包括分类监管、监测监督、通报执法等规定。南方地区 2 分，北方地区 0.5 分	省级政府将水域纳污能力或限制排污总量意见作为编制水体达标方案、黑臭水体整治、流域水污染防治规划编制等水污染防治和污染减排重点工作的依据。南方地区 2 分，北方地区 0.4 分。 通过落实河长制，强化水功能区分类监管和执法，开展非法侵占河湖、非法采砂等涉河湖违法违规行为专项执法。南方地区 1 分，北方地区 0.3 分
17	信息系统应用和国控项目（二期）建设（3 分）	按规定报送重要水功能区、入河排污口监测数据，监测覆盖率较上年提高。0.5 分。 国家水资源管理系统监控的取用水户用水量。0.5 分（按照监控的年度用水量占比赋分）。 完成国家水资源监控能力省级项目二期年度建设计划或任务。1 分	国家水资源管理监控能力省级项目建设。2 分
18	水资源计量监控和用水统计（2 分）	制定省级水资源计量监控的监督管理方案。0.5 分	按规定报送重要水功能区、入河排污口、饮用水水源地监测和评估数据。0.5 分

注　本表仅包括发生了变化的指标。

三、“十三五”后两年考核跟踪评估发现的问题及剖析

面对机构改革和中央对考核工作提出新要求等新形势，水利

部将最严格水资源管理制度考核工作作为本部门综合性考核，对考核工作方案做了较大幅度修订，除了包含更多考核内容之外，往年考核工作中存在一些的突出问题得到了解决。

（一）解决了以往存在的部分问题

1. 强化日常考核，考核程序得到优化

2019 年度和 2020 年度考核采用日常考核与终期考核相结合的方式，并以日常考核为主。日常考核主要采用“四不两直”等方式进行监督检查。包括用水定额执行情况、重点监控用水单位监控情况、县域节水型社会达标建设情况、取用水管理专项整治行动落实情况、用水统计管理情况、水资源费（税）征收情况、地下水保护和超采治理情况、农村饮水安全工程建设情况、农村供水工程水价制定和水费收缴情况、河湖管理情况等指标都依据日常的“四不两直”监督检查成果来进行考核赋分。

2019 年 3—7 月，农水水电司抽取 28 个省（自治区、直辖市）和新疆兵团的 154 个县（市、区）、864 个乡镇、3109 个行政村，对农村饮水安全进行了入户调查。2019 年 3—5 月、7—9 月，河湖司组织对 31 个省（自治区、直辖市）所有设区市的 6679 条河流（段）、1612 个湖泊，开展了河湖管理暗访督查。2019 年 9—11 月，水资源司会同监督司、全国节水办组织各流域机构，开展了水资源管理和节约用水监督检查，检查范围覆盖 31 个省（自治区、直辖市）和新疆生产建设兵团的 161 个县级行政区。生态环境部等有关部门开展了黑臭水体整治、饮用水水源地生态环境问题排查整治等专项监督检查。这些日常监督检查的有关成果经过整理分析后直接作为日常考核的结果，与自查和核查情况一起纳入到终期考核中，最终评定出考核结果。

相较于往年，考核将更多日常监督检查的结果纳入到考核中，更能反映各地实际情况，并减轻了终期考核的工作压力，提升了考核工作效率。

2. 考核时间节点大幅提前，减轻地方考核工作压力

2019 年度考核通知和考核方案在 2019 年 5 月下发，为地方提供了更加充分的准备时间。由于未开展 2018 年度考核工作，所以 2019 年度目标完成情况重点考核 2018 年度指标完成情况，要求 6 月底前各地上报，同时考核还要参考 2019 年度指标完成情况初步结果，制度建设和措施落实情况则主要考核 2019 年度重点工作，这些都由地方以自查报告的形式在 2020 年 1 月底前上报。自查报告上报时间较往年提前了 2 个月（往年要求 3 月底前上报），加上目标完成情况更早上报，因此 3 月中旬，考核工作组即完成了对各省自查报告的核查及考核赋分工作，7 月份考核结果即通过了国务院审定并正式公告。由于考核工作布置早，整体进度前移，最终考核结果出台时间较往年更早。往年考核结果一般在 9—11 月发布，进入年底，各方面工作都处于收尾状态，限制了考核结果的应用。2019 年度考核结果 7 月份即发布，便于在更大范围内进行应用，如干部考核、资金分配、项目安排等方面。

3. 部门间协调配合程度得到提升

在往年研究中，水利部与考核工作组其他成员单位之间缺乏配合，水利部以外其他部门作用发挥不突出，一直是存在的突出问题之一。而 2019 年度考核，按照机构改革的情况，考核相关的工作内容职责在部门间更趋分散，如果无法做好部门间协调配合将会更大程度上影响考核成果。2019 年度考核工作较好克服了这一问题。水利部着重加强了部门间协调配合，建立了考核工作协作机制，共同商定考核工作方案和考核赋分细则，将生态环境部开展的黑臭水体整治、饮用水水源地生态环境问题排查整治等专项监督检查纳入到日常考核中；在终期考核赋分工作中，组织国

家发展改革委、财政部、生态环境部、住房城乡建设部、农业农村部、国家统计局等 6 个部门按照考核分工要求，分别赋分。这一工作协调机制的建立，明确了各部门的分工，有利于调动地方积极性，提升了考核结果的可靠度。

4. 年度考核方案得到优化

（1）丰富了考核内容。按照中央关于统筹规范督查检查考核工作有关要求，认真贯彻落实习近平总书记生态文明思想和治水重要论述，突出水资源管理、节约用水、河湖管理及农村饮水安全等内容，相较往年的考核内容，覆盖领域更广泛，满足了作为水利部综合性考核的要求。

（2）优化简化了考核指标。注重突出重点，避免面面俱到带来沉重考核负担，2019 年度考核重点考核 2018 年度最严格水资源管理制度目标完成情况，参考 2019 年度目标完成初步结果，日常考核中突出重点，主要考核 2019 年度水资源管理、节约用水、河湖管理及农村饮水安全监管等重点工作是否落实见效、突出问题是否得到整改等方面。

（3）完善了赋分规则。水利部会同相关部委、部内多个相关司局共同制定了《2019 年度实行最严格水资源管理制度考核赋分细则》，作为赋分依据，重点有两个方面特点：①强化部门间的分工协作，2019 年考核赋分工作部内涉及水资源司、全国节水办、河湖司、农水水电司、调水司等 5 个司局，部外涉及发展改革委、财政部、生态环境部、住房城乡建设部、农业农村部、国家统计局等 6 个部门，各部门（司局）按照考核分工要求，分别组织赋分；②注重日常监管结果的应用，考核中目标完成情况共 28 分，主要靠自查、抽查和核查赋分，制度建设和措施落实情况共 72 分，其中有 45 分根据“四不两直”监督检查情况（即日常监督检查）进行赋分，占 62.5%，其他在自查基础上，通过抽查和核查赋分。

（二）尚未解决的老问题

1. 地方政府责任落实不到位

按照国务院的规定，各省级行政区人民政府对落实最严格水资源管理制度负有主体责任，地方各级人民政府主要负责人是本行政区域水资源管理和保护工作的总负责人，国务院组织对各省级行政区落实最严格水资源管理制度情况考核工作的考核对象是各省级行政区人民政府。但是考核工作中对这方面的要求并未充分体现，缺乏能够直接反映地方政府和政府主要负责人工作效果的指标。

2. 目标考核指标难以准确核实

主要是由于缺乏监测手段，部分实时性数据难以核实。对于“三条红线”的目标值来说，除了水功能区监测数据较为充分以外，其他几方面数据的获得更多采用的是统计方法，由于缺乏监测数据，在自查报告数据复核和现场检查阶段均难以对原始数据进行核实。

3. 最严格水资源管理制度考核工作宣传不够

（1）考核结果发布层次不高。从历年来考核结果发布情况来看，要么由水利部组织召开发布会，并发布考核结果公告；要么没有召开发布会，仅仅发布考核公告，发布层次不高，未能引起社会广泛关注。从调查问卷情况来看，有部分人员（都是水资源管理工作者）甚至表示完全不了解考核结果。

（2）宣传力度不够。由于发布层次不高，虽然有新华社等媒体报道考核结果情况，但一方面缺乏受众更加广泛的中央电视台、人民日报、著名门户网站等媒体的即时报道，另一方面缺乏后续持续解读性报道，宣传力度严重不足。特别是缺乏针对水资源管理工作好的做法和成效、存在的问题及解决措施、考核成绩的优劣奖罚等方面的持续性报道和解读，难以形成社会热点话题。

（3）公布内容不详细。目前仅公开发布考核等级和排名情况，以及向各省函告说明该省考核的具体情况，缺少更加详细考核结果的发布，不利于各省更好对照自身问题学习借鉴先进做法，不利于形成社会监督。

（三）评估发现的新问题

（1）“限制纳污红线”制度建设和措施落实情况考核指标缺失。2019 年度考核工作将水利部更多的部门职能纳入，使实行最严格水资源管理制度考核工作更像是水利部的一个部门综合考核工作。同时，2019 年度考核未包含“十三五”考核实施方案中的部分考核内容，这些未纳入的内容更多是此次机构改革中从水利部划转至其他部门的职能，如“入河排污口监督管理”“水功能区监管”，可以说明 2019 年度考核一方面强化了水利部部门考核的定位，另一方面弱化了对其他部门涉水管理行为的考核，有违最严格水资源管理制度设计的初衷。

（2）考核方案印发时间较早，但自查报告提交时间仍存在争议。2020 年度考核通知和考核方案在 2020 年 8 月即下发，为地方提供了更加充分的准备时间。但是自查报告上报时间为 2 月底，很多地方水利部门反馈，此时统计部门的经济数据尚未出炉，开展效率指标的测算工作十分困难。

第六章

其他领域考核工作经验借鉴

为广泛吸收国家和地方相关考核的有益做法和经验，按照代表性、层级性和可借鉴、可操作等原则，筛选出了对开展全面落实最严格水资源管理制度考核有参考价值的相关考核制度。分别从考核框架、考核指标、考核程序、实施特点等层面，对中央生态环境保护督察、水污染防治行动计划考核、黑臭水体专项督查、大气污染防治行动计划考核等进行了整理分析，总结了不同考核工作的经验特点，并进行了横向对比，提出了对开展全面落实最严格水资源管理制度考核工作的有关建议。

一、中央生态环境保护督察

近年来，我国日益重视环境保护工作，在污染治理方面取得了一定的成果，但由于缺少监督，中央的决策部署难以落到实处。建立环保督察工作机制是建设生态文明的重要抓手。2016 年 1 月 4 日，中央环保督察组由环境保护部牵头成立，中纪委、中组部的相关领导参加，代表党中央、国务院对各省（自治区、直辖市）党委和政府及其有关部门开展环境保护督察。

（一）考核框架

中央环保督察的对象主要是各省级党委和政府及其有关部门，以“督政”为重点，督察对象包括了省级、市级党委、政府及有关部门和地方企业，实现了对“党政企”的全覆盖，重点了解省级党委和政府贯彻落实国家环境保护决策部署，解决突出环境问题，强化环境保护党政同责和一岗双责，推动督察地区生态文明建设和环境保护，促进绿色发展。

在考核框架上，中央环保督察分三个阶段、七个环节、多种方式构建全链条督察模式，大幅提高环境问题曝光率，见图6-1。

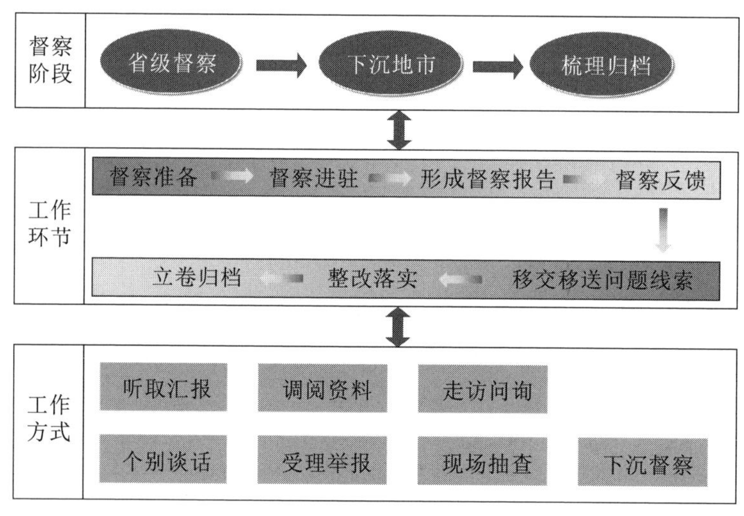

图6-1　中央环保督察工作框架图

（二）考核指标

根据侧重点不同，中央环保督察的指标可以分为三大块。

（1）党委、政府对国家和省环境保护决策贯彻落实情况，主要包括党中央、国务院及省委、省政府环境保护重大决策部署贯彻落实情况；环境保护法律法规实施情况；环境保护计划、规划、重要政策措施的落实情况；环境监督执法能力保障情况；环境监管执法重点任务实施进展以及经济发展和环保资金投入情况。

（2）突出环境问题及处理情况，主要包括环境质量变化情况；区域性、流域性突出环境问题及处理情况；群众反映强烈、社会影响恶劣的偷排偷放、治污设施不正常运行等方面的突出环境问题及处理情况；重大环境安全隐患问题及处理情况以及环境基础设施建设运行情况。

（3）环境保护责任落实情况，主要包括党委、政府及其有关部门落实环境保护党政同责和一岗双责情况；对环境保护工作的研究部署、制度建设、责任落实、督促检查及工作成效、责任追究和长效机制建立等情况。

（三）考核程序

第一阶段是省级层面的督察。这一阶段中央督察组主要与省委、省政府及相关部门领导谈话，调阅省委省政府及相关部门的资料，走访主要承担环保职责的有关部门，同时受理信访举报。

第二阶段是下沉地市督察。此阶段中央督察组针对督察准备期以及第一阶段整理出的问题和线索，下沉到部分地市进行调查取证核实，必要时深入企业或者其他现场，目的是评估问题严重性和落实责任分配情况。

第三阶段是梳理分析归档。该阶段中央督察组对前两个阶段的工作就行梳理，形成客观的结论和基本的观点，呈现报告框架，并对未下沉地市的突出情况进行“回头看”，展开有针对性的补充督察。

（四）实施特点

1. 中央直接领导的综合督察

中央环保督察组由生态环境部牵头成立，中纪委、中组部的相关领导参加，是代表党中央、国务院对各省（自治区、直辖市）党委和政府及其有关部门开展的环境保护督察。中央环保督察组组长由现职或近期退出领导岗位的省部级干部担任，副组长由生态环境部现职副部级干部担任。

2.“三位一体”式考核指标体系

针对省（自治区、直辖市）中央环保督察情况，根据省（自治区、直辖市）侧重点不同，统筹形成党委、政府对国家和省环境保护决策贯彻落实情况、突出环境问题及处理情况、环境保护责任落实情况的“三位一体化”指标体系，分模块对省委、省政府环境保护重大决策、环境保护法律法规等的落实情况进行评估。

3. “多渠道”组合式过程监督督察

督察组对各省（自治区、直辖市）的督察方案，根据各省（自治区、直辖市）地区特色，采取 7 种督察工作方法（听取汇报、调阅资料、个别谈话、走访问询、受理举报、现场抽查、下沉督察）并存，准确对各省（自治区、直辖市）进行督察；同时，为了提高公众参与程度，督察过程中，各省均需及时对外进行大力宣传，设立专门值班电话和邮政信箱，并通过电视滚动播报、报纸刊登、新媒体传送等方式予以公开。

4. 文件审查与现场督察相结合的考核程序

中央环保督察组进驻各省督察的时间一般为 30 天，以 10 天为一阶段对省级层面、下沉市级逐级督察，最后进行整理总结，撰写报告。在第一阶段，省级需要召开启动会，随后，督察组通过走访、约谈等形式，对厅级、市级落实国家政策等方面进行调查，并结合实际情况随时深入调查。

5. 考核结果作为省级责任人与领导班子的重要考评依据

将督察的结果、整改情况，作为对省级行政区人民政府主要负责人和领导班子综合考核评价的重要依据。对整改不到位的，由相关部门依法依纪追究该地区有关责任人员的责任。对在考核工作中有瞒报、谎报、漏报等弄虚作假行为的地区，予以通报批评，对有关责任人员依法依纪追究责任。

二、水污染防治行动计划考核

自 2015 年 4 月国务院发布实施《水污染防治行动计划》（以

下简称《水十条》）以来，在党中央、国务院坚强领导下，生态环境部会同各地区、各部门，以改善水环境质量为核心，出台配套政策措施，加快推进水污染治理，落实各项目标任务，切实解决了一批群众关心的水污染问题，全国水环境质量总体保持持续改善势头。2016 年 12 月，环境保护部、国家发展改革委等十一个部门联合制订了《水污染防治行动计划实施情况考核规定（试行）》，对各省（自治区、直辖市）人民政府《水十条》的实施情况及水环境质量管理进行年度考核和终期考核。

（一）考核框架

《水十条》要求：到 2020 年，全国水环境质量得到阶段性改善，污染严重水体较大幅度减少，饮用水安全保障水平持续提升，地下水超采得到严格控制，地下水污染加剧趋势得到初步遏制，近岸海域环境质量稳中趋好，京津冀、长三角、珠三角等区域水生态环境状况明显好转；到 2030 年，力争全国水环境质量全面改善，水生态系统功能基本恢复；到本世纪中叶，生态环境质量全面改善，生态系统实现良性循环。

国家负责对各省（自治区、直辖市）人民政府《水十条》实施情况及水环境质量管理的年度考核和终期考核。考核工作坚持统一协调与分工负责相结合、质量优先与兼顾任务相结合、定量评价与定性评估相结合、日常检查与年终抽查相结合、行政考核与社会监督相结合的原则。

考核内容包括水环境质量目标完成情况和水污染防治重点工作完成情况两个方面。将水环境质量目标完成情况作为刚性要求，兼顾水污染防治重点工作完成情况。水环境质量目标包括地表水水质优良比例和劣Ⅴ类水体控制比例、地级及以上城市建成区黑臭水体控制比例、地级及以上城市集中式饮用水水源水质达到或优于Ⅲ类比例、地下水质量极差控制比例、近岸海域水质状况等五个方面。水污染防治重点工作包括工业污染防治、城镇污染治理、农业农村污染防治、船舶港口污染控制、水资源节约保护、水生态环境保护、强化科技支撑、各方责任及公众参与等八个方面。

（二）考核指标

（1）水环境质量目标完成情况考核指标见表6-1。

表6-1　　水环境质量目标完成情况考核指标

序号	考核内容	考核事项	分值
一	地表水	地表水水质优良比例	40（30）
		地表水劣Ⅴ类水体控制比例	20
二	城市黑臭水体	地级及以上城市建成区黑臭水体控制比例	20
三	饮用水水源	地级及以上城市集中式饮用水水源水质达到或优于Ⅲ类比例	10
四	地下水	地下水质量极差控制比例	10
五	近岸海域	近岸海域水质状况	0（10）

注　考核省份涉及近岸海域的，按括号内分值打分。

（2）水污染防治重点工作完成情况考核指标见表6-2。

表6-2　　水污染防治重点工作完成情况考核指标

序号	考核内容	考核事项	分值	牵头部门
一	工业污染防治（13分）	取缔“十小”企业	（5）[1]（7）[2]（9）[3]	环境保护部
		集中治理工业集聚区水污染	（8）[1]（6）[2]（4）[3]	
二	城镇污染治理（20分）	城镇污水处理及配套管网	8；本项加分值5分	住房城乡建设部
		污泥处理处置	7	
		城市节水	5	
三	农业农村污染防治（15分）	防治畜禽养殖污染	10	农业部、环境保护部
		农村环境综合整治	5	环境保护部

续表

序号	考核内容	考 核 事 项	分　值	牵头部门
四	船舶港口污染控制（10分）	治理船舶污染	5	交通运输部
		港口码头污染防治	5	
五	水资源节约保护（25分）	水资源节约	10	水利部
		水功能区限制纳污制度建设和措施落实	10	
		水源地达标建设及生态流量试点	（4+1）[4]	
六	水生态环境保护（10分）	饮用水水源环境保护规范化建设	4	环境保护部
		地下水环境状况调查、加油站地下油罐更新改造	2	
		入海河流、入海排污口整治	2	
		水体污染控制与治理科技重大专项落实情况	2	
七	强化科技支撑（2分）	先进适用技术推广应用	2	科技部
八	各方责任及公众参与（5分）	环境信息公开	2	环境保护部
		地方管理机制落实	3	
		突发环境事件	扣分项	

注　1.（　）[1]、（　）[2]、（　）[3]内分别为东部、中部和西部分值。东部：北京、天津、河北、辽宁、上海、江苏、浙江、福建、山东、广东、海南等11个省（直辖市）。中部：山西、吉林、黑龙江、安徽、江西、湖北、湖南等8个省。西部：内蒙古、广西、重庆、四川、贵州、云南、西藏、陕西、甘肃、宁夏、青海、新疆等12个省（自治区、直辖市）。

2.（　）[4]内4为黄河、淮河流域生态流量试点地区（山西、内蒙古、河南、陕西、甘肃、青海、宁夏、江苏、安徽、山东）水源地达标建设分值，1为生态流量试点分值；其他地区水源地达标建设分值为5。

3. 部分省份因不涉及港口船舶污染控制、水专项、入海河流等工作，满分不足100分的，按实际得分乘以100分除以实际满分进行折算。

（三）考核程序

考核采取以下步骤。

（1）省级自查。各省（自治区、直辖市）人民政府应按照考核要求，建立包括电子信息在内的工作台账，对《水十条》实施情况进行全面自查和自评打分，于每年1月底前将上年度自查报告报送生态环境部，抄送国务院办公厅和《水十条》各任务牵头单位。自查报告应包括水环境质量目标和水污染防治重点工作等完成情况。

（2）部门审查。《水十条》各任务牵头单位会同参与部门负责相应重点任务的考核，结合日常监督检查情况，对各省（自治区、直辖市）人民政府自查报告进行审查，形成书面意见，于每年3月底前报送生态环境部。

（3）环境保护区域督查机构将地方政府及其有关部门贯彻落实《水十条》的情况纳入环境保护督察或综合督察、专项督察等环境保护督政工作范畴，有关情况及时报送生态环境部。生态环境部统一汇总后抄送《水十条》各任务牵头单位及相关省级政府。

（4）现场核查。生态环境部会同有关部门采取“双随机（随机选派人员、随机抽查部分地区）”方式，根据各省（自治区、直辖市）人民政府的自查报告、各牵头部门的书面意见和环境督察情况，对被抽查的省（自治区、直辖市）进行实地考核，形成抽查考核报告。

（5）综合评价。生态环境部对相关部门审查和抽查情况进行汇总，作出综合评价，于每年4月底前形成考核结果，5月底前报告国务院。

考核程序流程见图6-2。

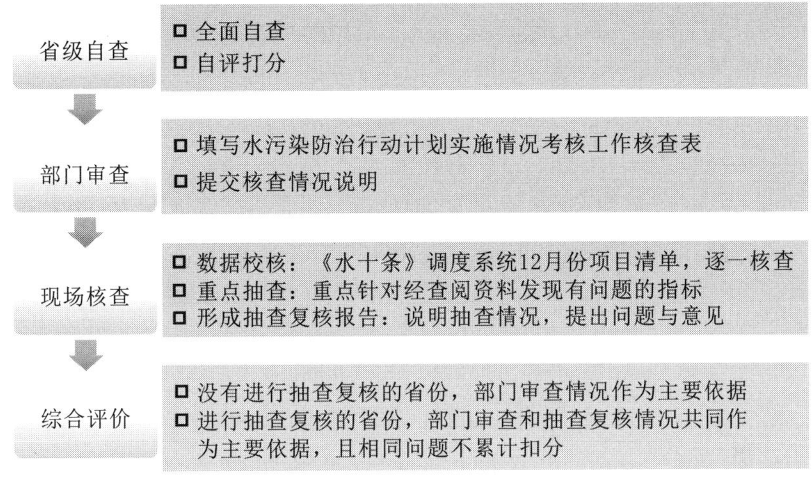

图 6－2　考核程序流程图

（四）实施特点

1. 引入第三方进行考核评估

由于水污染防治行动计划目标责任制考核点多线长面广，为确保阶段目标乃至整体目标考核的“公平、公正、客观”及考核办法的科学性与合理性，省、市及地方政府聘请具备考核资质与能力的第三方机构开展环境保护第三方考核工作。通过开展第三方评估考核，进一步细化和明确了考核的目标、指标、形式、技术办法、考核结果的认定和使用等事项，对省、市及地方政府后续开展环境保护考核，落实“党政同责、一岗双责”，推动省、市及地方政府环境保护和生态文明建设各项工作的顺利开展具有十分重要的指导意义。

2. 兼顾水环境质量与防治工作开展情况

《水十条》考核指标体系的设置是以水环境质量达标为核心，同时兼顾水污染防治重点工作完成情况。对水环境质量目标考核指标（地表水水质、城市黑臭水体、饮用水水源水质、地下水质量和近岸海域水质等五个方面）和水污染防治重点工作完成情况考核指标（工业污染防治、城镇污染治理、农业农村污染防治、船舶港口污染控制、水资源节约保护、水生态环境保护、强化科技支撑、各方责任及公众参与等八个方面）的指标解释、工作要求、计分方法作出了考核评分细则。

《水十条》考核指标的设置抓住了当前水污染防治工作的主要内容，同时也具有实操性强的特点，充分体现了精细化管理、定量化管理，对当前的水污染防治工作具有很好的指导作用。

针对省、市及地方政府水污染防治计划落实情况的考核必须细化考核指标及考核要求。水环境质量的考核指标主要围绕地表水水质达标率、集中式饮用水水源地水质达标率等两个方面来设定，每年的水环境质量目标由相关省份结合水污染防治行动计划的阶段目标及地方实际情况来制定。水污染防治重点工作的考核指标主要围绕集中式饮用水水源地规范化建设、省级以上工业聚集区污水集中处理率、河长制的落实情况、畜禽养殖污染防治、地方开展的水污染防治重点项目等五个方面来设定。

3. 监测手段定性与定量相结合

考核由季度与年度考核组成，采取自查资料审核、现场核查、第三方监测、明察暗访、督察督办等形式进行，以定量考核为主。年度考核由年度环境质量目标和季度考核结果两部分构成，得分权重分别为40%和60%，季度考核则依据第三方考核细则逐项指标进行打分。依据得分情况，将考核结果分为优秀、合格和不合格三个档次，大于或等于80分为优秀、60～80分为合格、小于60分为不合格。

4. 全过程引入第三方评估

（1）考核对象资料报送。各地方政府应于每年4月15日、7月15日、10月15日和次年1月15日前向市第三方考核机构报送季度自查报告和年度工作总结，并同时按要求提供季度考核支撑材料。所有自查报告和工作总结以及相应的自查考核评分表应以正式文件报送。

（2）资料审查。由第三方机构负责对各单位报送的工作总结、考核评分表、相关印证资料进行审核。其中，需要通过资料审核进行得分评定的事项，在季度、年度考核报送的资料中，除提供工作总结外，还需要提供相关文件、照片、会议纪要等作为支撑材料，对仅在工作总结中提及但无具体支撑材料的，不予认定得分。

（3）现场核查。由第三方机构负责对需要进行现场核实、随机抽查和明察暗访的内容进行实地核查。

（4）分数评定。由第三方根据资料审查、现场核查、第三方监测、日常检查、明察暗访、督察督办等工作情况对考核结果进行评分。

（5）考核结果提交。第三方考核机构应于每年 4 月、7 月、10 月底前完成上一季度的考核报告，次年 1 月 31 日前完成上一年第四季度和全年考核结果报告并提交市环委会办公室。

5. 作为领导班子和领导干部综合考核评价依据

部门联动与压力传导相结合，抓实抓细指标任务。生态环境部组织《水十条》各个任务牵头部门联合对抽查省（自治区、直辖市）的对应任务进行实地考核打分，并将考核结果上报中央组织部，在国家层面形成合力。地方参照国家《水十条》《水污染防治行动计划实施情况考核规定（试行）》，结合本行政区的实际情况，制定地方水污染防治行动计划和考核办法（规定），明确各责任主体考核指标，层层传导压力，压紧压实任务，推动目标按期实现。

将《水十条》考核结果纳入领导干部考核评价的重要依据。考核结果经国务院审定后，由生态环境部向各省（自治区、直辖市）人民政府通报，向社会公开，并交由中央干部主管部门作为对各省（自治区、直辖市）领导班子和领导干部综合考核评价的重要依据。在考核中对干预、伪造数据和没有完成目标任务的，要依法依纪追究有关单位和人员责任。在考核过程中发现违纪问题需要追究问责的，按相关程序移送纪检监察机关办理。

加强政策调控，建立处罚激励机制。对未通过年度考核的地区，由生态环境部会同中央组织部约谈省（自治区、直辖市）人民政府及其相关部门有关负责人，提出整改意见，予以督促，并暂停审批该地区有关责任城市新增排放重点水污染物的建设项目（民生项目与节能减排项目除外）环境影响评价文件；整改期满后仍达不到要求的，相关部门取消其环境保护模范城市、生态文明建设示范区、节水型城市、园林城市、卫生城市等荣誉称号。对水质改善明显和进步较大的地区，进行通报表扬。中央财政将考核结果作为水污染防治相关资金分配的参考依据。

三、黑臭水体专项督查

为贯彻落实《水十条》、全面推行“河长制”，切实解决老百姓身边突出环境问题，提高人民群众对美好生活获得感，2018 年 5 月 7 日开始，由生态环境部联合住房城乡建设部派出的专项督查组分三批对全国 36 个城市的黑臭水体整治情况开展督查工作，检查各地是否完成《水十条》中规定的黑臭水体消除目标。

（一）督查框架

督查以推动黑臭水体整治工作为重点，借鉴督查、交办、巡查、约谈、专项督察“五步法”经验，形成地市自查、省级检查、国家督查三级结合的城市黑臭水体整治专项行动工作机制。各省级人民政府参照国家黑臭水体整治专项行动工作机制，积极配合黑臭水体整治专项行动，对本行政区域内各市加强督促、协调和指导；开展本行政区域内地级市的黑臭水体整治专项行动。各城市人民政府做好自查和落实整改工作，积极配合黑臭水体整治专项行动。从而倒逼各地加快补齐城镇环境基础设施短板，提升城镇水污染防治水平。

具体工作程序如图 6－3 所示。

步骤	内容
督查	• 督查人员到现场发现问题
交办	• 涉及环境质量改善的重要问题，由生态环境部将给当地政府发文件正式交办，即“记上了账、挂上了单”
巡查	• 生态环境部各司局派人巡查各地政府“挂的单”是否完成，进度如何？
约谈	• 若巡查中发现治理进度缓慢、整改不力，生态环境部将约谈地方政府有关领导。约谈后，生态环境部还将再派人“回头看”
专项督察	• 对于仍然“无动于衷”的地方，还将启动“机动式”“点穴式”的中央专项督察，追责到人，以保证问题得到全面解决

图 6-3 城市黑臭水体整治专项行动“五步法”工作程序框架图

（二）督查指标

黑臭水体专项督查工作中，按照垃圾清理、控源截污、底泥清淤疏浚、生态修复及其他分为五大类问题，共对 20 项督查指标进行问题甄别，现场督查人员严格按照督查手册的要求对每一项指标按照明确的判定标准进行黑臭水体问题甄别及消除黑臭情况判定。具体判别指标及判定条件详见表 6-3。

（三）督查程序

按照“五步法”，即督查、交办、巡查、约谈、专项督察这五个程序实行督查。首先是督查，督查结束之后形成城市黑臭水体整治情况统计表和问题清单。后生态环境部印发督办函，将问题清单移交地方人民政府，要求限期整改并向社会公开，在下半年对交办地方的问题整改情况组织巡查，并根据巡查情况，提出约谈建议；对于问题严重的城市人民政府，生态环境部将联合相关省级人民政府对其进行约谈，对约谈后整改不力的，移交环境保护专项督察，实行“拉条挂账，逐个销号”式管理。另外对督查之后整改完成的水体，如果出现反弹现象的将重新纳入问题清单，继续督查整治，实行滚动管理。

表 6-3　城市黑臭水体专项督查问题判别指标及判定条件

项目	序号	判别指标	判定条件
(1) 垃圾清理	1	河面存在大面积漂浮物(指垃圾、浮油、动物残体等影响水体观感的漂浮物，落叶等不判定为漂浮物)	面积大于5平方米、宽度大于河宽1/4、长度大于河宽3种情形之一
	2	存在临时垃圾堆放点	城市蓝线内存在面积大于1平方米、明显人为倾倒或堆放垃圾
	3	垃圾收集、转运体系不健全、不落实	未配备人员清理河面和河岸垃圾的，城市蓝线内存在正规垃圾堆放点超范围堆放现象的，或接收黑臭水体垃圾的垃圾中转站不能提供垃圾收集转运记录的，收集的垃圾没有安全妥善处置的
(2) 控源截污	4	存在非法排污口	最新工程实施证明材料显示黑臭水体整治方案中排污口整治不到位的；或地方上报的正规排污口清单中排污口无批复文件的；或现场督查发现存在正规排污口、雨水口之外的非法排口
	5	污水直排环境问题没有实质性解决	雨水口晴天有污水排出的；或查阅日常监测记录或检测结果发现正规排污口出水超过排放标准的
	6	城镇污水管网不配套	工程证明材料管网建设与整治方案不一致，且无合理说明；或竣工图或施工图上显示污水管网没有接入污水处理设施或污水干管的；或通过现场检查发现新建管网未接入污水处理设施（污水处理厂、分散污水处理设施）或污水干管的；接入污水处理设施或污水干管的管网没有污水流过的

续表

项目	序号	判别指标	判定条件
(2) 控源截污	7	污水处理能力不足	整治方案中污水处理设施建设或改造工程未落实且无法提供合理说明的；污水处理设施处理水量超过设备运行负荷30%的；或溢流口使用不符合相关规范要求的；或分散式污水处理设施接纳的污水无法得到长期处理的；或出水水质达不到设计参数要求的，核算的实际污水处理量明显小于汇水区污水产生量的
	8	截留污水未经有效处理异地排放	截留污水未经处理直排其他水体、正规排污口、雨水口、地下等，而未接入污水处理设施的
	9	新发现或漏报黑臭水体	建成区内的独立水体、上游河段或汇入支流水质检测结果为黑臭，未主动上报或没有整治计划的，甄别为漏报黑臭水体；地方主动上报并有整治计划的，甄别为新发现黑臭水体。建城区外水体黑臭，且污染主要来自建成区内的，也视为建成区内的黑臭水体
	10	建成区外污染没有得到有效控制	建成区外的上游河段或汇入支流水质检测结果为黑臭的，影响建成区内黑臭水体整治
	11	存在企业超标排污或偷排	黑臭水体相关企业/工业集聚区污水未经处理直排入河的；或污水不达标排放入河的
(3) 底泥清淤疏浚	12	内源污染未得到有效控制	未根据黑臭水体整治方案实施河道清淤措施的；或实际清淤量明显小于底泥清淤疏浚整治方案设计清淤量的；或河道出现翻泥现象的，水体断流或河道内残存少量水时，底泥发臭的

续表

项目	序号	判别指标	判定条件
(3) 底泥清淤疏浚	13	底泥未安全处置	第三方底泥检测报告甄别底泥属于危废，但处置单位不具备危废处置资质的；或清淤底泥检测指标值不符合堆放地土壤应用功能和保护目标要求；或清淤后的底泥无组织堆放在河道两边的
(4) 生态修复	14	生态修复措施未落实	水体整治方案中存在生态修复措施，但生态修复工程未上马（无法提供最新工程实施证明材料）且不能提供未上马合理原因说明的，且未消除黑臭的
(5) 其他	15	底泥原位修复问题	无法提供河道原位修复方案和实施记录的，属于未开展底泥原位修复措施；进行原位修复后仍存在翻泥现象的，或进行原位修复后河道存水较少或干涸底泥黑臭较为严重的，由专家进行判定
	16	水体加盖或填埋问题	若水体存在加盖或填埋现象，需进行此项督查。出现水体加盖或填埋现象的，由专家进行判定
	17	调水冲污弄虚作假	已经实施调水但整治方案中未提到此项的，整治方案虽存在调水补水措施，但实际调水来源与整治方案不符，调水量或调水频率大于整治方案或日常调水量 2 倍的，且主体工程未有效发挥作用的
	18	临时投药弄虚作假	投加了微生物、药剂，但整治方案中并未提到此项的，整治方案中提到此项但实际投加情况与方案不符合的，且主体工程未有效发挥作用的
	19	整治工作未完成	黑臭水体河道中正在进行控源截污或底泥清淤工程施工、作业的，属于整治工作未完成
	20	沿岸存在旱厕	水体城市蓝线范围内存在旱厕的，甄别为其他问题

同时，落实国家与地方上下有机结合的工作机制，对于各省（自治区、直辖市）国家没有督查到的城市，建立国家与地方人民政府上下有机结合的工作机制，指导各省对其行政区内的其他地级市开展黑臭水体专项督查工作，实现全覆盖。同时要求各省及时将督查结果上报生态生态环境部和住房城乡建设部。在下一年度国家专项督查中，将统筹考虑，抽取部分城市开展督查，力争2020年年底前，用3年时间，实现295个地级及以上城市全覆盖。通过“五步法”和“上下有机结合机制”，推进全国的黑臭水体整治工作。

（四）实施特点

1. 形式督查和实质督查相结合的督查框架

城市黑臭水体整治环境保护专项行动坚持以群众是否满意为首要标准，严格督查、实事求是，在工作中总结经验，在实践检验工作方法，创新工作模式——形式督查和实质督查相结合，从黑臭现象消除和工程竣工验收资料审查两方面对重点城市黑臭水体治理情况进行全面督查。重点对控源截污、垃圾清理、清淤疏浚、生态修复等实质性措施落实情况开展了现场检查，增加了公众调查和水质监测等形式的督查工作方法。针对黑恶臭水体治理目标，完成了黑臭水体治理成效实质督查，也完成了对城市水体“长制久清”机制建设工作的检查。

2. 突出公众广泛参与的督查指标体系

黑臭水体专项督查将群众是否满意作为工作的首要标准，公众全过程参与。具体判定要素包括公众满意、水质合格、控源截污、垃圾清理四个方面，具体要求如下：①公众满意，公众评议结果满意度高于90%；②公众评议结果满意度低于90%且高于60%，水质监测结果符合《城市黑臭水体整治工作指南》关于基本消除水体黑臭的指标要求；③控源截污，沿河污水收集处理体系基本建成并有效运行；④垃圾清理，沿河垃圾收集、转运及处理处置措施有效落实。

在判定过程中，满足判定要素中①或②其中一项，且同时满足③和④两项要求，才能作为现场督查基本消除水体黑臭的判定条件。

3. 督察组与地方相互协调的双轨制检测机制

现场督查中，水质检测由1名督查组检测组成员和2名地方检测站人员共同完成，溶解氧和透明度在现场测定，采集水样后，氨氮分别由督查组和地方检测站测定，两个结果误差小于15%认定可靠，由地方出具检测报告。

判定黑臭现象消除后，要求整治工程全部完成竣验收后建立长效机制，形成有效防止黑臭现象反复的工程和非工程体系，委托专业调查机构或第三方评估机构进行每半年1次、至少连续2次公众评议，90%及以上评议结果认为满意的，可视为黑臭水体整治完成。若有任意1次公众评议结果满意度低于90%且高于60%，视为存在争议。若有任意1次公众评议结果满意度低于60%，视为评估不通过，调查问卷每次不少于100份。

公众评议存在争议的，或黑臭水体影响范围内无常住居民的，可委托第三方水质检测机构按照《城市黑臭水体整治工作指南》要求进行水质监测，作为辅助判断，至少连续监测6个月。

4. 强化公众参与全面巡河

生态环境部在“一报、一网、两微、一平台”（中国环境报、生态环境部官网、生态环境部微博微信、城市黑臭水体整治信息发布平台）主动公开督查信息，为公众参与创造条件，确保督查工作得到群众支持，让群众满意。

相关省份人民政府通过主要媒体和政府网站，公开问题清单及整改落实情况。

5. 督查结果应用奖惩分明

对于认真排查、积极上报问题水体、诚恳面对黑臭水体整治不足的城市，予以鼓励和表彰。如：广州和深圳主动将多条问题清单以外的水体作为新发现的黑臭水体主动报告、列入地方整治清单、接受监督、提交了黑臭水体整治方案及向社会公开材料，对这种敢于直面问题、不隐瞒、实事求是的表现予以鼓励和口头表彰。

对在督查工作中有瞒报、谎报、漏报等弄虚作假行为的地区，予以通报批评。对整改不到位的，由相关部门依法依纪追究该地区有关责任人员的责任。

四、大气污染防治行动计划考核

为严格落实大气污染防治工作责任，强化监督管理，加快改善空气质量，根据《国务院关于印发〈大气污染防治行动计划〉的通知》（国发〔2013〕37 号）和《国务院办公厅关于印发〈大气污染防治行动计划重点工作部门分工方案〉的通知》（国办函〔2013〕118 号）等有关规定，2014 年 4 月 30 日，国务院办公厅制定印发《大气污染防治行动计划实施情况考核办法（试行）》（以下简称《大气污染防治考核办法》）。

（一）考核框架

《大气污染防治行动计划》（以下简称《大气十条》）提出，经过五年使全国空气质量总体改善，重污染天气较大幅度减少；京津冀、长三角、珠三角等区域空气质量明显好转；再用五年或更长时间，逐步消除重污染天气，全国空气质量明显改善。各省（自治区、直辖市）人民政府是实行《大气十条》的责任主体，政府主要负责人对本行政区域大气污染防治工作负总责。国家层面上，环境保护部会同国家发展改革委、工业和信息化部、财政部、住房城乡建设部、能源局等部门和单位开展《大气十条》实施情况的考核工作，考核各地人民政府空气质量改善和重点工作完成情况。地方层面上，各地人民政府对本地区《大气十条》实施情况开展考核，考核行政辖区范围内各区（县）人民政府空气质量改善和重点工作完成情况。

《大气十条》考核主要包括地方自查、日常督查与暗查、现场考核、考核报告环节，为加强地方责任落实，结合环保督查工作，将大气污染防治工作的日常督查和暗查工作成果充分运用到考核之中，同时也将考核要求在日常督查中体现出来。大气污染防治行动计划考核框架见图 6－4。

地方自查	• 省（自治区、直辖市）人民政府应按照考核要求，对《大气十条》实施情况进行全面自查，形成自查报告 • 并对空气质量改善、重点任务完成情况进行自评分
日常督查与暗查	• 对《大气十条》各项重点任务的落实情况开展日常督查 • 结合各地的自查报告，对各地重点工作任务落实情况进行考核前暗查
现场考核	• 由环境保护部会同国家发展改革委、工业和信息化部、财政部、住房城乡建设部、能源局等部门组成考核组 • 依据地方提供的自查报告，考核组通过重点抽查和现场核查等方式，对地方工作进行检查
考核结果	• 考核组提交考核报告，报国务院 • 评估考核结果交由中共中央组织部，作为对各地领导班子和领导干部综合考核评价的重要依据

图 6－4　大气污染防治行动计划考核框架

（二）考核指标

考核内容包括空气质量改善目标完成情况和大气污染防治重点任务完成情况两个方面。空气质量改善目标完成情况将各地区细颗粒物（PM2.5）或可吸入颗粒物（PM10）年均浓度下降比例作为考核指标。京津冀及周边地区（北京市、天津市、河北省、山西省、内蒙古自治区、山东省）、长三角区域（上海市、江苏省、浙江省)、珠三角区域（广东省广州市、深圳市、珠海市、佛山市、江门市、肇庆市、惠州市、东莞市、中山市等9个城市)、重庆市将PM2.5年均浓度下降比例作为考核指标。其他地区将PM10年均浓度下降比例作为考核指标。

大气污染防治重点任务完成情况包括产业结构调整优化、清洁生产、煤炭管理与油品供应、燃煤小锅炉整治、工业大气污染治理、城市扬尘污染控制、机动车污染防治、建筑节能与供热计量、大气污染防治资金投入、大气环境管理等10项指标29项子指标（表6-4)。

表6-4　大气污染防治重点任务完成情况考核指标表

序号	指标类型	指标内容
1	产业结构调整优化	产能严重过剩行业新增产能控制，产能严重过剩行业违规在建项目清理，落后产能淘汰，重污染企业环保搬迁等
2	清洁生产	重点行业清洁生产审核与技术改造
3	煤炭管理与油品供应	煤炭消费总量控制，煤炭洗选加工，散煤清洁化治理，国四与国五油品供应等
4	燃煤小锅炉整治	燃煤小锅炉淘汰，新建燃煤锅炉准入等
5	工业大气污染治理	工业烟粉尘治理，工业挥发性有机物治理等
6	城市扬尘污染控制	建筑工地扬尘污染控制，道路扬尘污染控制等
7	机动车污染防治	淘汰黄标车，机动车环保合格标志管理，新能源汽车推广，机动车环境监管能力建设，城市步行和自行车交通系统建设等
8	建筑节能与供热计量	新建建筑节能，供热计量等
9	大气污染防治资金投入	地方各级财政、企业与社会大气污染防治投入情况
10	大气环境管理	年度实施计划编制，台账管理，重污染天气监测预警应急体系建设，大气环境监测质量管理，秸秆禁烧，环境信息公开等

（三）考核程序

《大气污染防治考核办法》对考核程序进行了明确规定，对各个时间节点、工作方式提出了明确要求：各地每年制定本地区《大气十条》年度工作计划，确定年度目标和任务；次年2月底前将本地区考核年度《大气十条》的自查报告报送生态环境部，同时抄送国家发展改革委、工业和信息化部、财政部、住房城乡建设部、能源局。具体做法上，地方政府通过针对辖区内开展自查，梳理主要问题，落实部门和企业责任，整理企业排放问题清单。对地方大气污染防治工作计划、重点任务措施的落实情况进行日常督查，旨在发现问题，督促地方整改落实，推动大气污染防治工作。日常督查整改落实情况、暗查和现场核查结果将作为考核扣分的重要依据。负责考核工作的部门按照各自职责分工对各地进行重点抽查和现场检查，在此基础上进行综合评分，并划定考核等级；考核结果在每年5月底前上报国务院，经国务院审定后，向社会公告。

考核采用计分方法，空气质量改善目标PM2.5或PM10年度考核时，年均浓度下降比例满足考核要求，计合格60分；未满足考核要求的，按照实际下降比例占考核要求的比重乘以60进行计分；如果超额完成，则按照超额完成比例给予相应的加分，最高加分是40分。为严格质量管理，明确要求PM2.5或PM10年均浓度与上年相比不降反升的，计0分。

工作指标考核时，一是依据各地自查报告及工作台账，二是依据日常督查，三是依据现场核查。现场核查是最突出的原则就是证伪原则，如果现场核查时发现整改不到位或造假行为则扣分，扣掉该指标得分为止。

（四）实施特点

1. 明察暗访与督查巡查相结合

《大气十条》考核框架上，以地方自查和国家现场核查为主。

同时将定期考核与日常督查相结合，明察暗访相结合，督查和巡查相结合。日常督查包括明查和暗查，对地方大气污染防治工作计划、重点任务措施的落实情况进行日常督查，旨在发现问题，督促地方整改落实，推动大气污染防治工作。定期考核包括考核前暗查和现场核查，旨在考察问题解决情况，及时发现并纠正地方问题整改落实不到位情况。日常督查整改落实情况、暗查和现场核查结果将作为考核扣分的重要依据。

2. 空气质量改善与大气综合整治工作两类指标并举

设置了空气质量改善绩效与大气综合整治工作两类指标，实施双百分制。

在空气质量改善绩效指标选取上，综合考虑了环境质量现状和改善程度，复合型大气污染严重的京津冀及周边地区 6 省（自治区、直辖市）、长三角 3 省（自治区、直辖市）、广东省、重庆市以 PM2.5 年均浓度下降比例为质量改善绩效指标；其他省（自治区、直辖市）以 PM10 年均浓度下降比例为质量改善绩效指标。

在大气综合整治工作指标选取上，对《大气十条》所有可以量化的目标进行了筛选，重点选择了对空气质量改善效果显著的任务措施，建立了可量化、可评估、可考核的指标体系。同时，综合考虑实施难易程度和空气质量改善效果等因素，设置了各项子指标的分值。

3. 多层次、多渠道、多角度纵横结合式考核

《大气十条》考核手段主要有如下几个特点：

（1）年度考核与终期考核。自 2014 年起，每年对上年度的实施情况进行评估考核；2018 年对整体实施情况进行全面评估考核。

（2）绩效与工作考核。对于年度考核，对京津冀及周边、长三角、珠三角地区实施质量改善绩效、综合整治工作双考核；对其他地区实施质量改善绩效单一考核，大气综合整治工作一般性

评估。

（3）综合打分与一票否决。年度考核采取评分法，对两类考核指标进行综合打分，得分结果划分为优秀、良好、合格、不合格四档，不合格即为未通过考核。终期考核实施质量改善绩效一票否决，完成 PM2.5（PM10）年均浓度下降目标，视为通过考核，反之即视为未通过考核。

4. 强化重点区域城市的督察

针对重点区域重点问题，强化督察。2017 年 4 月 7 日开始，生态环境部抽调 5600 名环境执法人员，对京津冀及周边传输通道“2＋26”城市开展为期一年的大气污染防治强化督查。

通过重拳出击，层层传导大气污染防治压力，确保工作分工落地见效；加大打击环境违法行为力度，实现守法常态化；创新区域监管方式，提高了环境执法整体水平，为促进深入开展区域和城市大气污染防治提供了关键保障。

5. 考核兼顾结果与过程

《大气十条》考核确立了以质量改善为核心的评估考核思路，兼顾工作过程评估，将空气质量改善程度作为评定地方考核通过与否的判据，将大气综合整治进展作为评价地方工作努力程度的依据，强化绩效考核。

评估考核结果报经国务院审定后交由中共中央组织部，作为对各地领导班子和领导干部综合考核评价的重要依据，并向社会公布，既能充分发挥考核的导向作用，又能充分调动地方主观能动性。

五、相关考核的特点对比分析

在对中央环保督察、大气污染防治考核、水污染防治考核和黑臭水体专项督查等考核工作进行梳理的基础上，从考核组织层级、人员组成、考核框架、指标体系、考核程序等方面进行对比分析，总结对开展实施最严格水资源管理制度考核的启示。

(一) 考核组织对比分析

1. 考核组织者

(1) 人员组成特色对比分析。中央环保督察和黑臭水体专项督查是根据党中央和国务院的总体生态环境保护政策，考核地方政府执行政策的情况，成立了督察（督查）组，赴现场进行督导相关考核工作的开展。

大气污染防治和水污染防治考核的依据是《大气十条》和《水十条》，与最严水资源管理考核相似，考核工作主要为日常工作，但由于大气污染形势严峻，针对性强化了日常考核工作，并成立巡查督查组。同时，中央环保督察、大气污染防治和黑臭水体专项督查的组织架构也各具特色。

1) 中央环保督察体现组织框架层级高。虽然中央环保督察与大气污染防治、水污染防治、黑臭水体专项督查的督察（督查）组均由生态环境部牵头成立，但是由于中央环保督察的对象是省、自治区一级，其考核组织与大气污染防治、水污染防治、黑臭水体专项督查以及最严格水资源管理有明显的区别，组长由现职或近期退出领导岗位的省部级干部担任，副组长由生态环境部现职副部级干部担任。因此，在督察进驻期间，各地直接的领导需要全程参与，保证了过程中各项工作的有序、有效开展，促进了相关问题的及时解决。

2) 黑臭水体专项督查巡视组＋督察组。以市级为督查目标，组织成立相应的督查组，组长由司局级领导担任，副组长为处级领导担任，同时组建专家组，专家组组长由正高级研究工程人员担任。

3) 大气污染防治巡查督查组具有多级结构。以市为单元，成立专项巡查组，组长为司局级领导，同时，派驻各市的巡查组，又以县为单元，将组员分散派驻到各县，县级巡查小组的组长由处级干部担任，组员来自于技术支持单位、执法人员等。

（2）参与机构特色对比分析。中央环保督察组由生态环境部牵头成立，中共中央纪委、中共中央组织部的相关领导参加，对省级政府进行督察，因此在机构方面具有“环保监督＋人事人民＋组织监督”的特色。

大气污染防治和水污染防治则依据《大气十条》和《水十条》的安排，由生态环境部会同国家发展改革委、工业和信息化部、财政部、住房城乡建设部、能源局等部门和单位开展实施情况的考核工作，生态环境部承担方案制定、过程监督的职责，同时明确了其他各部委配合。

由于黑臭水体的实施主体为住房与城乡建设部，生态环境部承担监督职责，因此，开展专项督查过程中，不同于大气污染防治考核时多机构的特征，仅仅有生态环境部会同住房与城乡建设部组成督查组。最严格水资源管理制度考核过程中，水利部牵头组织考核，但与其他部委以及内部系统的总体协调上还有进一步提升的空间，因此，过程中呈现工作任务重、推进速度慢等特征。

2. 考核组织程序

（1）基于时间过程的程序特征。中央环保督察、大气污染防治由于开展集中的督察（督查），均根据考核的时间，设立了具体的程序。但中央环保督察和黑臭水体专项督查与大气污染防治考核有所区别，分别制定了“三个阶段”和“五步法”。

中央环保督察考核组织程序的“三个阶段”为：第一阶段是省级层面的督察、第二阶段是下沉地市督察、第三阶段是梳理分析归档。黑臭水体专项督查“五步法”即督查、整改、巡查、约谈、专项督察。

大气污染防治强化督查则是依据季节性特征，进行现场督查，督查过程不间断，人员为15天轮换一次，工作重点为现场检查与暗访等。

水污染防治、最严格水资源管理未明确不同的时间段所开展的重点工作，只是明确了相关考核材料应当提交的时间节点。

（2）基于实施主体的程序特征。根据不同实施主体，相应制定考核的程序方面，大气污染防治、水污染防治和最严格水资源管理具有相似性，开始都是地方自查，但在过程管理、结果反馈等方面又有所区别。

大气污染防治考核在地方自查的同时，强化过程考核管理，实行日常督查与暗查，促进了地方政府重视日常工作，有效避免临时应付的情况的发生，随后再结合现场考核和考核报告等，总体上实现水污染防治考核工作的落实。

水污染考核则相应增加了考核结果的应用，如果出现不达标的情况，则将相关结果下发到环境保护区域督查机构，如华北督察局、华南督察局、西南督察局等，随后相应的督察局会针对性开展综合性环保督查。

最严格水资源管理考核在程序上相对简单，在省级政府自查的基础上，对部分内容进行核查和抽查，以及对自查报告进行形式考核，因此，在考核过程中以及考核结束后，对地方传导的压力不够。

（二）考核指标体系对比分析

1. 考核指标框架

中央环保督察重点是要向地方传导环保政策执行的力度，因此考核指标与大气污染防治、水污染防治、黑臭水体专项督查、最严格水资源管理有明显的区别，因此虽然有现场检查环节，但考核指标均围绕制度与政策制定和落实而展开，首先是考核党委与政府对国家和省环境保护决策贯彻落实情况、突出环境问题及处理情况以及环境保护责任落实情况，在此基础上，以相关政策未落实为前提，现场查实由此而造成的后果。

由于黑臭水体治理的系统性，任一指标不达标都反映出治理未达到效果或存在复发的风险，因此黑臭水体专项督查虽然也制定了分类、分项指标，如按垃圾清理、控源截污、底泥清淤疏浚、生态修复及其他分为五大类问题，共 20 项指标进行督查，但具有“一票否决”的特点，明确指标主要目的是满足考核的要求，但如果现场督查及水质检测发现一项指标不达标，则视为不达标。

大气污染防治、水污染防治和最严格水资源管理在考核指标的表现形式上相似，均有文件制定、工作落实等环节，并且明确了相应的赋分。同时又有所区别，大气污染防治和水污染防治虽然以制度和政策落实为前提，但均以环境质量的改善为核心。最严格水资源管理目标完成情况 35 分、制度建设情况 30 分、措施落实情况 35 分，但缺乏核心考核指标和“一票否决”的指标。

2. 工作总体推进指标

目标达成指标中，由于大气污染防治和水体污染防治目标不一致，目标达成指标没有对比性，重点对工作总体推进指标对比分析，见表 6-5。

大气污染防治的考核指标为“三级指标”体系，即质量、污染源、国家政策与专项行动。其中大气质量指标达到要求的同时，也通过专业机构的溯源与评估研究，确定将对相应大气质量指标影响的因素作为工作总体推进的指标，首先是在 PM2.5、PM10、SO_2、氮氧化物等空气质量指标（以下简称“大气一级指标”）的基础上，明确了考核过程中要重点关注产业结构调整优化、清洁生产、煤炭管理与油品供应、燃煤小锅炉整治、工业大气污染治理、城市扬尘污染控制、机动车污染防治、建筑节能与供热计量、大气污染防治资金投入、大气环境管理 10 大类工作性指标

（以下简称“大气二级指标”）。

表 6－5 考核指标中工作总体推进指标对比情况

类 别	工作总体推进指标有关情况
大气污染防治	10大类大气污染防治重点任务完成情况考核指标：产业结构调整优化、清洁生产、煤炭管理与油品供应、燃煤小锅炉整治、工业大气污染治理、城市扬尘污染控制、机动车污染防治、建筑节能与供热计量、大气污染防治资金投入、大气环境管理。 29小类：产能严重过剩行业新增产能控制，产能严重过剩行业违规在建项目清理，落后产能淘汰，重污染企业环保搬迁，重点行业清洁生产审核与技术改造，煤炭消费总量控制，煤炭洗选加工，散煤清洁化治理，国四与国五油品供应，燃煤小锅炉淘汰，新建燃煤锅炉准入，工业烟粉尘治理，工业挥发性有机物治理，建筑工地扬尘污染控制，道路扬尘污染控制，淘汰黄标车，机动车环保合格标志管理，新能源汽车推广，机动车环境监管能力建设，城市步行和自行车交通系统建设，新建建筑节能，供热计量，地方各级财政、企业与社会大气污染防治投入情况，年度实施计划编制，台账管理，重污染天气监测预警应急体系建设，大气环境监测质量管理，秸秆禁烧，环境信息公开
水污染防治	8大类水污染防治重点工作完成情况考核指标：工业污染防治、城镇污染治理、农业农村污染防治、船舶港口污染控制、水资源节约保护、水生态环境保护、强化科技支撑、各方责任及公众参与。 20小类：取缔“十小”企业、集中治理工业集聚区水污染、城镇污水处理及配套管网、污泥处理处置、城市节水、防治畜禽养殖污染、农村环境综合整治、治理船舶污染、港口码头污染防治、水资源节约、水功能区限制纳污制度建设和措施落实、水源地达标建设及生态流量试点、饮用水水源环境保护规范化建设、地下水环境状况调查和加油站地下油罐更新改造、入海河流和入海排污口整治、水体污染控制与治理科技重大专项落实情况、先进适用技术推广应用、环境信息公开、地方管理机制落实、突发环境事件
最严格 水资源管理	9类制度建设：河长制度，取水许可与水资源论证制度，水资源用途管制制度，地下水管理和保护制度，用水定额、计划用水和节水管理制度，水价和水资源费制度，水功能区划及相关管理制度，重要饮用水水源地安全评估制度，水资源管理考核制度。 措施落实分为：节水优先、水资源保护、监督与管理、基础能力4大类，农业节水和高耗水行业节水等19小类

在此基础上，结合国家的产业政策、重点推进的环保行动等，制定了产能严重过剩行业新增产能控制，产能严重过剩行业违规在建项目清理，落后产能淘汰，重污染企业环保搬迁，重点行业清洁生产审核与技术改造，煤炭消费总量控制，煤炭洗选加工，散煤清洁化治理，国四与国五油品供应，燃煤小锅炉淘汰，新建燃煤锅炉准入，工业烟粉尘治理，工业挥发性有机物治理，建筑工地扬尘污染控制，道路扬尘污染控制，淘汰黄标车，机动车环保合格标志管理，新能源汽车推广，机动车环境监管能力建设，城市步行和自行车交通系统建设，新建建筑节能，供热计量，地方各级财政、企业与社会大气污染防治投入情况，年度实施计划编制，台账管理，重污染天气监测预警应急体系建设，大气环境监测质量管理，秸秆禁烧，环境信息公开等29小类的指标（以下简称“大气三级指标”）。

水污染防治重点工作目标与大气污染防治类似。最严格水资源管理在水资源保护、水资源高效利用基础上，没有针对性提出大类上的考核指标类型，如基础设施建设、节约水量、水资源利用效率等。

（三）考核手段和程序对比分析

1. 督查巡查

考核手段对比情况见表6-6。

表6-6 考核手段对比情况

类　　别	考核手段有关情况
中央环保督察	“多渠道”式过程监督督察。文件审查与现场督察相结合的考核程序
大气污染防治	明察暗访与督查巡查相结合
黑臭水体专项督查	督察组与地方双轨制检测
最严格水资源管理	明察暗访，现场检查

中央环保督察用“多渠道”式过程监督督察，采取7种督查工作方法（听取汇报、调阅资料、个别谈话、走访问询、受理举报、现场抽查、下沉督察）。将文件审查与现场督察相结合，以10天为一阶段对省级层面、下沉市级逐级督查，后进行整理总结，撰写报告。大气污染防治将定期考核与日常督查相结合，明察暗访相结合，督查和巡查相结合。通过明查和暗查，对地方大气污染防治工作计划、重点任务措施的落实情况进行日常督查，旨在发现问题，督促地方整改落实。定期考核包括考核前暗查和现场核查，旨在考察问题解决情况，及时发现并纠正地方问题整改落实不到位情况。黑臭水体采取督察组与地方双轨制检测。最严格水资源管理考核主要采取明察暗访的方式，督查巡查的方式较少，考核中发现，高强度和高频率的督查巡查能有效促进最严格水资源管理。

2. 监测手段

中央环保督察为了提升督察效果，过程中将书面交流与管理人员交流相结合，形成调阅资料、个别谈话、走访问询、下沉督察等基本督察方法，对各省（自治区、直辖市）进行调查取证、走访询问，因地制宜形成地方特色督查制度、模板。但是中央环保督察基本上不使用监测手段，它是一种以发现问题为导向的督察方式，发现问题后交给地方整改。

大气污染防治行动计划和水污染防治行动计划得到有效的实施是因为有一套系统的环境监测体系作为支撑。十八大以来，党中央、国务院高度重视生态环境监测改革工作，2015—2017年，中央全面深化改革领导小组连续3年，分别审议通过了《生态环境监测网络建设方案》《关于省级以下环保机构监测监察执法垂直管理制度改革试点工作的指导意见》《关于深化环境监测改革提高环境监测数据质量的意见》等环境监测方面的改革问题，基本搭建形成了环境监测管理和制度体系的“四梁八柱”。同时，党中央和国务院、各级地方政府投入巨额资金用于环境监测站和监测点建设。我国生态环境监测网络建设不断提速，生态环境监测家底逐渐说得清、说得准，生态环境监测数据支撑决策得到大幅度提高，特别是生态环境监测实现全国联网，形成国控点、省控点和地方监测点三级监测体系，有效地保证了数据的真实性，消除了地方数据造假的可能性。特别是国家环境监测点的建设，统一由生态环境部负责，实行自动在线监测，并通过大数据分析，对省控点和地方监测点的数据及时分析，有效防止地方数据造假行为。此外，加强对国控监测点数据造假问责力度，对近期陕西和河南监测数据造假事件相关责任人都进行严肃处理，有效保证监测数据的真实性。

黑臭水体治理过程中，要求相应的实施方案中有明确的水体监测点位，以及科学的监测频率等，同时，对于条件适宜的水体，还需要配套建设系统化的监测平台。最严格水资源管理建立系统的监测体系或平台方面要进一步加强，为核查地方自查阶段数据真实性提供技术支撑，从技术层面保证地方自查阶段数据的真实有效。

3. 考核程序

中央环保督查采取三阶段的程序，分别是省级层面督查、下沉地市督查和梳理分析归档这三个阶段，主要考虑在省级层面通过座谈、收集资料并接受举报后，带着问题和线索下沉到地市和现场进行调查取证，最后对督查有关成果进行分析形成报告。

水污染防治行动计划考核主要包括自查评分、部门审查、组织抽查及综合评价等程序，整体上与2017年以前的最严格水资源管理制度考核工作程序设置较为接近。

黑臭水体专项督查主要通过督查、整改、巡查、约谈、专项督察这五个程序来开展，目的是通过督查来促使地方发现问题并及时解决问题，未能及时解决问题的通过约谈和专项督察来进一步督促。此外，对于督查未能覆盖到的城市，指导各省级行政区对其开展督查，以实现督查全覆盖。

大气污染防治行动考核主要包括地方自查、日常督查、重点抽查和现场检查、形成考核结果等程序，与水污染防治行动计划考核相比，更加重视日常监督检查的作用，旨在更好发现问题并督促地方整改落实。这也与 2019 年以来最严格水资源管理制度考核工作更加重视日常监督检查结果在考核评分中应用的做法一致。

（四）考核结果应用对比分析

1. 干部问责

在对干部问责方面，中央环保督察、大气污染防治、水污染防治、黑臭水体专项督查与最严格水资源管理在考核结果中对领导班子综合考核评价方面基本一致，评估考核结果报经国务院审定后，交由中共中央组织部，作为对各地领导班子和领导干部综合考核评价的重要依据，并向社会公布。如中央环保督察力度最大，影响最深，2016—2017 年的两年间，通过对相关责任人的问责（1.7 万余人），有效传达了党中央和国务院生态文明建设的思想以及相关政策，快速扭转了地方在环境保护方面的错误与消极做法，对推进生态环境保护起到了积极的作用。大气污染防治、水污染防治和黑臭水体专项督查中，将发现的问题移交地方，由地方政府对相关责任人提出处理意见，一大批责任人被问责。截至目前，最严格水资源管理考核尚未发现考核不合格的地区，也未发现责任人被问责的案例。考核结果对干部问责的对比情况见表 6 - 7。

表 6-7　　考核结果对干部问责的对比情况

类　别	文 件 要 求	实 际 情 况
中央环保督察	督察中发现生态环境问题，移交地方，由地方对有关责任人进行问责。地方要在7个工作日内向督察组反馈整改结果，督察组领导会自行选择典型整改现场查看	2016—2017年的两年间，中央环保督察已完成对全国31省份的全覆盖，问责超过1.7万人
大气污染防治、水污染防治	对未通过年度考核的地区，由环境保护部会同组织部门、监察机关等部门约谈省（自治区、直辖市）人民政府及其相关部门有关负责人，提出整改意见，予以督促	生态环境部对大气污染和水污染防治不力地区，约谈地方党政主要负责人，由地方政府对有关责任人进行问责
黑臭水体专项督查	对在督查工作中有瞒报、谎报、漏报等弄虚作假行为的地区，予以通报批评。 对整改不到位的，由相关部门依法依纪追究该地区有关责任人员的责任	督查中发现问题，直接移交地方，以齐齐哈尔为例，有10名干部因督查中发现“大面积黑臭水体”问题被问责
最严格水资源管理	对整改不到位的，由相关部门依法依纪追究该地区有关责任人员的责任。对在考核工作中有瞒报、谎报、漏报等弄虚作假行为的地区，予以通报批评，对有关责任人员依法依纪追究责任	考核中没有不合格的地区，没有处分人员

2. 媒体宣传

在考核结果媒体宣传方面，中央环保督察、大气污染防治、水污染防治和黑臭水体专项督查的力度均明显大于最严格水资源考核。其中，中央环保督察进驻时，督查组邀请多家媒体全程参加，公布监督电话等，要求地方电视台滚动播报公示信息，同时通过报纸刊登、新媒体推送；督察组安排专人值守，及时接听、记录群众举报的信息，由督察组及时移交给地方政府进行办理，并在规定的时间内，将处理结果反馈给督察组，督察组负责对处理情况进行抽查，并赴现场进行查看，确保督查的群众性。督查结束后，通过媒体公布督查结果和地方政府的整改措施，确保整改有效。

在提高公众参与的宣传方面，大气污染防治、水污染防治和黑臭水体专项督查等考核中，主动公开督查信息，为公众参与创造条件，邀请媒体进组同期报告，亮出“阴暗面”。如中央环保督察组设立举报电话和信箱，并予以公开，督察过程中全程监督公开情况，当发现有遗漏、不及时、重复性不够时，及时提醒当地，同时，督察组从报社、新闻网等机构抽调记者全程参与，及时对当地的工作情况进行宣传报道。

在结果评估方面，黑臭水体专项督查具有明显的不同，将公众满意度作为水体是否达标的重要考核指标之一，要求针对每个黑臭水体进行公众调查，且问卷调查数不少于 100 份；从各地方抽调宣贯专业人员，开展抽查，抽查数需达到 20%。同时，相关省份人民政府通过主要媒体和政府网站，公开问题清单及整改落实情况。在媒体宣传方面强调过程参与，公众关注度高，媒体参与积极性强。

在考核结果的发布方面，与中央环保督察、大气污染防治、水污染防治和黑臭水体专项督查相似，最严格水资源管理也将考核结果进行通报，并邀请各大媒体参与，重在考核结果通报。在考核过程中有必要邀请媒体参与监督和报道。考核结果媒体宣传的对比情况见表 6 - 8。

3. 奖惩过程

在考核结果中奖励的方面，中央环保督察对地方政府奖励较少。水污染防治对水质改善明显和进步较大的地区进行通报表扬，中央财政将考核结果作为水污染防治相关资金分配的参考依据。

黑臭水体专项督查对认真排查，积极上报问题水体，诚恳面对黑臭水体整治不足的城市，予以鼓励和表彰。最严格水资源管理对考核结果进行通报。水污染防治中将考核结果作为水污染防治相关资金分配的参考依据，对地方政府影响较大。

表 6-8　　　　考核结果媒体宣传的对比情况

类　别	考核结果媒体宣传情况
中央环保督察	中央督查组督查进驻宣传，公布举报方式；督查结束反馈宣传，通报督查结果。地方政府整改宣传，提出整改措施
大气污染防治、水污染防治、黑臭水体专项督查	生态环境部在“一报、一网、两微、一平台”（中国环境报、生态环境部官网、生态环境部微博微信、大气污染防治等信息发布平台）主动公开督查信息，为公众参与创造条件，确保督查工作得到群众支持，让群众满意。 相关省份人民政府通过主要媒体和政府网站，公开问题清单及整改落实情况。 生态环境部和住房城乡建设部通过新闻发布会、“城市水环境公众参与”公众号等方式定期对督查结果向社会进行通报。 采用实时跟踪报道工作进展和督查结果的形式，让媒体进组同期报道，对督查期间发现的重大污染问题及时曝光，亮出“阴暗面”
最严格水资源管理	将考核结果的整体情况通过新华社等媒体进行通报

在考核结果作为限制性处罚方面，水污染防治将考核结果与生态环境部相关工作相结合，将考核结果则作为其他相关考核与评审的依据，对于未通过年度考核的地区，暂停审批该地区有关责任城市新增排放重点水污染物的建设项目（民生项目与节能减排项目除外）环境影响评价文件；整改期满后仍达不到要求的，相关部门取消其环境保护模范城市、生态文明建设示范区、节水型城市、园林城市、卫生城市等荣誉称号，有力促进地方政府重视水污染防治考核工作。另外，中央环保督察与大气污染防治、水污染防治、黑臭水体专项督查结果也将作为国务院大督查的依

据，在对地方政府相关考核中发挥重要作用。最严水资源考核在处罚方面主要是对未达标的地方进行通报，对相关的地方政府进行处罚，急需进一步提升处罚的力度，以及提高与其他督查行动的联动性。考核结果对奖励的对比情况见表 6－9。

表 6－9　　考核结果对奖励的对比情况

类　别	考核结果对奖励情况
中央环保督察	主要是督察党委、政府对国家和省环境保护决策贯彻落实情况，突出环境问题及处理情况和环境保护责任落实情况。对地方政府奖励涉及较少
水污染防治、黑臭水体专项督查	水污染防治对水质改善明显和进步较大的地区，进行通报表扬。中央财政将考核结果作为水污染防治相关资金分配的参考依据。黑臭水体专项督查对认真排查，积极上报问题水体，诚恳面对黑臭水体整治不足的城市，予以鼓励和表彰
最严格水资源管理	对考核结果，进行通报

（五）对比分析结论

1. 从考核组织层级看，中央环保督察组织层级最高

中央环保督察与大气污染防治、水污染防治、黑臭水体专项督查的督察（督查）组均由生态环境部牵头成立，但是由于中央环保督察的对象是省、自治区一级，其考核组织与大气污染防治、水污染防治、黑臭水体专项督查以及最严格水资源管理有明显的区别，组长由现职或近期退出领导岗位的省部级干部担任，副组长由生态环境部现职副部级干部担任。黑臭水体专项督查大多以市级为督查目标，组长由司局级领导担任，副组长为处级领导担任，同时组建专家组，专家组组长由正高级研究工程人员担任。大气污染防治巡查督查大多以市县为单元，组长分别对应为司局级领导及处级干部。从考核组织层级看，中央环保督察组织层级最高。

2. 从考核组织程序看，基本按照分级、分步实施考核

中央环保督察、大气污染防治由于开展集中督察（督查）的需要，明确了具体的考核时间，设立了具体的考核程序。中央环保督察考核组织程序的三个阶段为：第一阶段是省级层面的督察、第二阶段是下沉地市督察、第三阶段是梳理分析归档。黑臭水体专项督查五步法为督查、整改、巡查、约谈、专项督察。大气污染防治强化督查则是依据季节性特征，进行现场督查，督查过程不间断，人员为15天轮换一次，工作重点为现场检查与暗访等。水污染防治行动计划考核，明确了相关考核材料应当提交的时间节点。

3. 从考核指标框架看，突出核心考核指标或一票否决

由于黑臭水体治理的系统性，任一指标不达标都反映出治理未达到效果或存在复发的风险，因此突出"一票否决"的特点，即现场督查及水质检测发现一项指标不达标，则视为不达标。大气污染防治和水污染防治均以环境质量的改善为核心指标开展考核，另外还包括制度建设、措施落实等其他考核指标。中央环保督察重点是要向地方传导环保政策执行的力度，考核指标与大气污染防治、水污染防治、黑臭水体专项督查等稍有区别，重点考核党委与政府对国家和省环境保护决策贯彻落实情况、突出环境问题及处理情况以及环境保护责任落实情况。

4. 从考核指标内容看，要求兼顾目标与过程考核

大气污染防治和水体污染防治考核除了对目标达成情况进行重点考核外，同时对工作过程推进情况进行考核。如：大气污染防治的考核指标为质量、污染源、国家政策与专项行动三级指标体系，在PM2.5、PM10、SO_2、氮氧化物等空气质量指标达到要求的基础上，明确了考核过程中要重点关注产业结构调整优化、清洁生产、煤炭管理与油品供应、燃煤小锅炉整治、工业大气污

染治理、城市扬尘污染控制、机动车污染防治、建筑节能与供热计量、大气污染防治资金投入、大气环境管理10大类工作性指标。

5. 从考核方式手段看，坚持明察与暗访相结合

中央环保督察用“多渠道”式过程监督督察，采取7种督查工作方法（听取汇报、调阅资料、个别谈话、走访问询、受理举报、现场抽查、下沉督察）。督察组通过走访、约谈等形式，对厅级、市级落实国家政策等方面进行调查，并结合实际情况随时深入调查。大气污染防治将明查暗访与督查巡查相结合。日常督查整改落实情况、暗查和现场核查结果将作为考核扣分的重要依据。黑臭水体专项督查通过不定期组织明察暗访、受理公众举报等方式进行日常监督，及时发现、上报问题，客观评价整改工作效果。

6. 从考核结果运用看，强化考核结果与干部考评挂钩

在考核结果运用方面，中央环保督察、大气污染防治、水污染防治、黑臭水体专项督查等对领导干部综合考核评价方面基本一致，评估考核结果报经国务院审定后，交由中共中央组织部，作为对各地领导班子和领导干部综合考核评价的重要依据，并向社会公布。2016—2017年的两年间，中央环保督察已完成对全国31省（自治区、直辖市）的全覆盖，问责超过1.7万人，有效传达了党中央和国务院生态文明建设的思想以及相关政策，快速扭转了地方在环境保护方面的错误与消极做法。大气污染防治、水污染防治和黑臭水体专项督查将发现的问题移交地方，由地方政府对相关责任人提出处理意见。

六、借鉴与启示

通过对中央环保督察、大气污染防治考核、水污染防治考核和黑臭水体专项督查工作的梳理，以及与最严格水资源管理考核

在组织架构、考核指标体系、考核手段以及考核结果应用等方面的对比分析，建议在下一步的最严格水资源管理考核中，重点从支持力度、考核指标的针对性、考核形式的多样性与实际相结合的力度以及过程考核与多方监督等方面进一步提升，主要内容如下。

（一）力争进一步提升最严格水资源管理考核的组织层级

为了进一步提升地方政府对最严水资源考核的重视程度，建议争取国家层面更大程度的支持，将最严格水资源考核的实施情况列入国务院组织的督查内容之一，水利部作为执行部门具体实施，不定期对地方开展专项督查；另外，需要加强其他部门的支持力度与联动，如中央环保督察过程中联合中共中央组织部和中共中央纪委，以及黑臭水体专项督查过程中由生态环境部联合住房城乡建设部共同实施，提高相关部门的支持力度和参与程度，从而提高地方政府和公众的重视程度。

（二）探索引入第三方评估参与最严格水资源管理考核

自国务院督查中首次引入第三方评估以来，这一方式在简政放权、棚户区改造、精准扶贫、重大水利工程等领域得到广泛认可，引入第三方评估更有利于对考核结果的真实性和公正性进行客观评估，充分发挥验证和监督作用。脱贫攻坚战成效考核中已将第三方评估作为固定的考核程序。水利系统内有大量的科研院所和高等院校，与水利相关的新型智库亦不断涌现，为最严格水资源管理考核工作中引入第三方评估提供了技术及人力支撑的可能，也有助于进一步优化考核流程。

（三）加大群众知晓度、满意度等外部指标的考核权重

群众广泛而充分的参与是工作取得实效的根本保障，群众的获得感和满意度是衡量政策好坏的试金石。扶贫开发成效考核中尝试加入体现群众获得感和满意度的指标，起到了良好的导向作用，符合中央文件精神，这一做法同时也被生态环保等领域的督察考核采用。当前“水资源管理考核”的指标设计聚焦在内部管理目标的达成上，较少使用群众满意度等外部评价指标。可以在对基层工作考核中增加体现群众获得感和满意度的指标，把自上而下的行政监督转变为自下而上的群众监督，提升人民群众获得感，吸引更多群众加入水治理大格局。

（四）进一步强化考核结果运用的放大效应和导向作用

开展落实最严格水资源管理制度考核，坚持工作考核与结果运用紧密结合，把考核结果作为奖优罚劣的重要依据，强化结果运用的放大效应，做到考核结果与地方干部综合考核挂钩，作为各地区领导班子和领导干部任免的重要依据之一。对于考核结果不合格、工作落实不到位的，要设立明确的处罚条例，并及时进行处罚。考核结果与地方水利项目申报审批、资金支持和优秀评选等工作挂钩，对于未通过年度考核的地区，暂停审批该地区有关责任城市水资源利用审批、水资源保护类资金申报，以及作为中央对地方转移支付规模的重要测算依据。

（五）畅通公众参与渠道和加大公众监督力度两手发力

对最终执行结果进行考核的同时，在当前明察暗访的基础上，支持和鼓励公众对水资源管理、水环境保护等公共事务进行舆论监督和社会监督，畅通公众参与渠道，设立专门的监督举报电话，实时对外公布。充分利用媒体、网络等平台，及时公布相关问题处理及考核结果。鼓励邀请媒体进驻考核组，对于工作考核结果好的，在相关媒体和报刊上，以红榜的形式介绍其经验做法；而对于考核结果差的，将考核中发现的问题，在相关媒体和报刊上也及时公开，并通过公布责任人、监督电话等方式，让全社会实时监督。

第七章

做好考核工作若干重点问题的深化研究

通过对考核工作的多年跟踪，可以发现有几个制约做好考核工作的突出问题一直存在。做好下一步的考核工作，必须对影响考核工作的几个重大问题进行认真思考。

一、关于考核工作的定位和作用

按照党中央、国务院关于实行最严格水资源管理制度的总体部署和要求，建立并实施水资源管理责任和考核制度，既是实行最严格水资源管理制度的重要内容，也是推动其他三项制度顺利实施、确保“三条红线”目标实现的重要保障。通过开展考核工作应当在以下几方面发挥作用：

（1）对最严格水资源管理制度实施情况的全面总结。通过考核工作的开展应当能够摸清全国基本情况，特别是能够反映用水总量控制、用水效率控制、水功能区限制纳污“三条红线”的进展情况。从实际效果来看，近年来随着考核指标的不断丰富，相比水资源公报等以往的统计资料，考核工作能够更加全面地反映出最严格水资源管理制度的实施状况。

（2）对各地落实最严格水资源管理制度情况的全面考评。考核工作要能够公正客观地评价各地落实最严格水资源管理制度的成绩，并能够以此为基础实现奖优罚劣，从而激励各地切实落实好最严格水资源管理制度。

（3）对各地落实最严格水资源管理制度缺点和不足的深刻剖析。通过考核工作，要能够深入挖掘各地在落实最严格水资源管理制度工作中尚存在的问题和不足，通过发现问题，交流看法，明确对策，帮助各地能够有的放矢地进一步落实好最严格水资源管理制度。

（4）明确各地落实最严格水资源管理制度的责任。通过考核，进一步明确各地方人民政府是实行最严格水资源管理制度的责任主体，同时要明确不同部门在落实最严格水资源管理制度方面的具体责任，明确开展工作的责任主体，明确考核工作的责任主体，明确出现问题后的追责对象。

二、关于考核主体

《国务院关于实行最严格水资源管理制度的意见》、国务院办公厅印发的《考核办法》中都明确了各省（自治区、直辖市）人民政府是实行最严格水资源管理制度的责任主体，“十三五”考核实施方案也明确考核对象为各省级行政区人民政府，需要多个相关的政府部门共同推动考核工作，才能取得良好效果。特别是在机构改革完成后，考核内容对应的责任部门总体上更趋分散化，因此应当进一步思考考核主体的组织形式。

（1）顶层设计上应当加强对不同部门职责的安排。按照国务院要求，考核工作由水利部会同有关部门共同组织实施，但在《考核办法》以及多部门联合印发的考核工作实施方案中，对各相关部门的具体考核任务分工均未予明确规定，这也导致实际考核工作中，水利以外其他部门参与程度不足，严重限制考核工作对地方政府的约束性作用，影响考核效果。因此，应当按照机构改革后考核内容涉及的各个部门职能，在考核方案中对各个部门的职责进一步明确，并由多个部门联合印发实施，调动最严格水资源管理制度各相关部门的积极性。

（2）水利部门更多发挥组织、协调、汇总、牵头上报等职能。国家机构改革完成后，最严格水资源管理制度考核内容对应的部门总体上呈现分散状态，在顶层设计中明确各部门职责后，水利部门应当在完成自身直接的考核职责以外，更加注重发挥统筹性、综合性的作用，包括组织协调各个部门共同开展考核工作，汇总整理各个部门的考核数据，形成考核结果后牵头向国务院报告，统一对外发布考核结果，以及向地方政府反馈考核结果等。

（3）建立严格的问责机制。考核工作开展以来，各省评分均为合格以上，没有出现过不合格的省份，因此也就没有开展过限期整改、暂停项目审批等处罚措施，也没有出现过因为瞒报、谎报予以通报批评的情况。但是考核结果为合格，并不能表示各项工作都做得合格，比如某条红线指标未能完成目标的或某项制度措施落实情况不佳的，近年考核中都有出现，如果仅仅因为考核结果为合格就不再开展具体工作不合格的问责工作，这将使得考核工作逐渐流于形式。这一现象也是地方政府不能高度重视考核工作的重要原因之一。因此，应当进一步细化问责机制并严格执行，明确不同考核指标的责任部门，在向各省通报考核结果时，严肃指出不合格指标及其责任部门，推动各部门共同落实好最严格水资源管理制度。

三、关于提升考核客观公正性

提升考核的客观性公正性，确保考核结果能够被各方接受和认可，是考核结果能够得到良好应用的前提条件。考核的客观公正性主要通过良好的考核组织、科学的考核指标、顺畅的沟通渠道以及考核结果的公开等来保障，考核组织在本章前两部分已经讨论，本节重点对影响考核客观公正性的其他方面进行分析。

(1) 考核指标应当具有良好的可考性。首先是应紧密结合当前重点工作进行考核，避免面面俱到、过于琐碎，对于上一年度考核中各地已经完成的考核指标，应当及时调整；其次是考核指标要能够准确理解，考核方案中应当对每一项考核指标的考核要求作出精准解释，并且尽可能地通过定量指标进行考核；最后是考核指标设置要充分考虑地区差异，包括水资源丰沛程度、地下水超采程度、经济社会发展水平及发展重心等方面的差异都应考虑。

(2) 加强中央部门与地方部门之间的沟通协商。由于对考核指标理解的不一致或数据来源的不一致，可能会造成国家考核组考核结果与地方自查结果有一定差异，因此国家考核组应当加强同地方的沟通，特别是针对扣分点，要讲清楚为何扣分，这样才能保障考核结果发布后得到各地的认可。

(3) 充分公开考核结果。作者调研时发现，有些省份对其他省份的考核排名颇有意见，不认可对方取得的考核成绩，而目前各地具体的考核表现都是不透明的，各地区彼此之间并不了解其他地区做得好的地方和存在的问题，所以容易产生上述误解。因此，建议要对考核结果和评分情况进行一定程度的公开，保障考核的公平公正，避免出现争议。同时，向社会进行充分的公开，也有利于提升公众对最严格水资源管理制度的关注度，进而利用社会监督的力量推动水资源严格管理。

四、关于国家考核与地方考核的关系

在当前中央明确要求压缩各种考核督查工作，减轻基层“迎评迎检”负担的背景下，必须深入思考国家考核与地方考核的关

系，做好考核衔接工作，提升考核工作效率。

1. 开展国家考核与地方考核是国家的明确要求

国家考核是中央一级对省一级实行最严格水资源管理制度情况的考核，是依据国务院《关于实行最严格水资源管理制度的意见》（国发〔2012〕3 号）和国务院办公厅《考核办法》而开展的高规格考核工作；各省开展的省内考核工作工作，是按照《考核办法》第十五条第二款“各省、自治区、直辖市人民政府要根据本办法，结合当地实际，制定本行政区域内实行最严格水资源管理制度考核办法”而开展的，因此说国家考核和地方考核都是依据国家规定开展的考核工作，都是依规必须开展的考核工作。

2. 国家考核与地方考核必须做好衔接，避免基层重复工作

虽然国家考核和地方考核都是按照国家相关规定必须开展的考核工作，但是如果没有很好的衔接机制，国家考核开展后，地方考核再考一遍，势必将给基层工作带来沉重的负担，违背政策初衷。特别是 2018 年年底以来，中共中央办公厅先后印发《关于统筹规范督查检查考核工作的通知》和《关于解决形式主义突出问题为基层减负的通知》，2019 年政府工作报告提出“各级政府要坚决反对和整治一切形式主义、官僚主义，让干部从文山会海、迎评迎检、材料报表中解脱出来，把精力用在解决实际问题上”，这就要求国家考核与地方考核必须做好衔接，切实提升工作效率。

3. 做好国家考核与地方考核衔接工作的要点

（1）地方考核是国家考核的基础，地方考核应当先于国家考核开展，为国家考核提供依据和支撑。

（2）国家考核应当尽早明确并发布具体的考核工作方案，为地方考核工作的开展提供依据。

（3）地方考核的考核内容应当能够基本覆盖国家考核的相关要求。

（4）地方考核方式和内容的创新，应当紧密结合本地实际，选择本地应当突出做好的水资源管理工作。

第八章

有 关 建 议

为了适应实行最严格水资源管理制度所面临的新形势和新要求，必须进一步加强和改进实行最严格水资源管理制度考核工作，不断提高考核的针对性、实用性、科学性。

一、进一步突出地方政府的主体责任

严格按照国务院要求，突出强调各省级行政区人民政府在落实最严格水资源管理制度方面的主体责任，突出强调地方各级人民政府主要负责人对本行政区域水资源管理和保护工作的总负责人职责，突出强调国务院对各省级行政区落实最严格水资源管理制度情况考核工作的考核对象是各省级行政区人民政府，突出强调省级人民政府在推动本行政区域内各地区各部门之间水资源管理工作相关的信息共享、衔接配合、齐抓共管等方面的协调作用。建议可通过以下几个方式来实现上述“突出强调”：

（1）结合《水法》等相关法律修订工作，将实行最严格水资源管理制度纳入国家法律体系，在法律层面明确地方人民政府在落实最严格水资源管理制度方面的主体责任。

（2）增加针对地方人民政府的相关考核指标，如主要负责人是否亲自安排部署并跟踪关注水资源保护方面工作，省级总河（湖）长是否按照有关要求开展巡河（湖）等。

（3）通过调整优化考核内容、严格考核问责等措施，改变考核内容过于集中于水利部门职责的倾向，强化对各部门涉水行政管理行为的考核；严格公正开展考核工作、全面公开考核结果、强化约谈、曝光等问责手段应用，推动考核对象地方人民政府的责任落实。

二、进一步提升考核工作的领导推动层级

根据国务院《关于实行最严格水资源管理制度的意见》和国务院办公厅《考核办法》，实行最严格水资源管理制度考核工作的考核主体为国务院，考核具体工作由水利部等九部门组成的考核工作组负责。为充分彰显国务院的考核主体地位以及考核的权威性，通过开展考核工作切实提升各地最严格水资源管理制度落实水平，应适当提升考核工作的领导推动层级。建议以5年为一个周期，在期末考核时召开全国实行最严格水资源管理制度考核工作动员会议或总结会议，由国务院分管领导出席并讲话。

三、进一步完善考核内容和考核指标

（1）推动考核内容和考核指标与时俱进，突出反映时代主题和当前重点工作。当前，我国各个领域改革进程不断加快，水利改革不断深化，习近平总书记近年来发表了一系列相关重要讲话，考核工作应当能够突出反映这些时代主题和重点工作的落实情况，在考核指标设置时应当对党中央、国务院的最新相关决策部署和当前水资源管理重点工作等有所侧重，如总书记关于长江经济带发展、黄河流域生态保护与高质量发展、节水优先、把水资源作为最大的刚性约束等方面的要求，党的十九届五中全会明确的“建立水资源刚性约束制度”等，特别是要研究最严格水资源管理制度与即将建立的水资源刚性约束制度之间的衔接关系。

（2）增加水利部门以外其他部门相关的考核指标，并明确责任部门。严格按照国务院《关于实行最严格水资源管理制度的意见》及国务院办公厅《考核办法》的规定，将属于最严格水资源管理制度范围内的任何部门承担的水资源相关管理工作都纳入到考核内容中，推动考核工作成为落实水资源统一监督管理职能的有力抓手。针对当前的考核方案，建议还应当增加针对入河排污口监管、水功能区监管、农业节水及高耗水行业监管等方面当年应当推进工作的考核内容，并明确具体责任部门。

（3）将考核内容和考核指标与河湖长制考核相关内容充分融合，充分借助河湖长制工作平台，推动最严格水资源管理考核的实施。

（4）贯彻以人民为中心的思想，把大数据管理、人民群众日常反馈问题等融入考核内容和考核指标中，增加群众满意度等方面的指标。

四、进一步加大考核工作的组织协调力度

实行最严格水资源管理制度考核工作涉及多部门职责，需要各部门通力合作，也需要与地方充分沟通衔接。特别在当前国家机构改革背景下，应进一步加大考核工作的组织协调力度，增强工作合力。

（1）进一步完善考核工作组各成员单位之间的责任分工和协作机制，按照机构改革后的各部门职责，划定在落实最严格水资源管理制度及组织实施考核工作中的主要职责和具体任务。各部门按照自身职责提供相关数据，压实部门责任，要对本部门提供的数据和任务完成质量负责，并按照职责分工开展地方问题的整改督促和问责等工作。

（2）建立部委间相关考核结果互认机制。最严格水资源管理

考核内容较多，其中涉及自然资源部、生态环境部、农业农村部等多项涉水职能。机构改革后，在相关涉水职能履行上由其他部委负责的，应考虑直接采用相关部门考核结论。如水环境相关内容，可以采用生态环境部对各省（自治区、直辖市）监管正式公布的考核结果，这样节省了时间，也提高了效率。

(3) 进一步加强考核过程中与地方政府及有关部门的沟通，特别应就地方考核得分情况、存在问题及整改意见等进行充分沟通，一方面允许各地作进一步解释说明或补充材料，使考核结果更加公正、易于接受；另一方面让各地更加清晰认识自身问题所在，为下一步整改和进一步做好相关工作打下基础。

五、进一步加强科技支撑和基础能力建设

(1) 加强水资源监测体系建设。以江河重要断面、重点取水口、地下水超采区为主要监控对象，按照分级负责、分步骤推进的原则，根据职责分工，加快水资源监测设施建设，提升动态实时监测能力。

(2) 建立健全水资源管理工作台账制度，依法实施用水统计调查制度，规范用水统计管理，提升统计服务能力和水平。

(3) 大力加强基层水资源管理部门队伍建设，中央和省级政府在岗位设置、工资待遇、培训提升等方面向基层提供更多支持。

六、进一步强化舆论宣传和追责问责

建议在进一步优化考核方案及实施安排，做好各方面考核工作基础上，大力提升考核结果公开程度，加大舆论宣传力度，严格追责问责。

(1) 公开发布各省考核得分情况及“三条红线”指标不达标省份。通过公开发布各省考核得分，能够加强公众对各省水资源

管理水平的认识，有利于增进公众监督，同时一定程度上能够发挥倒逼和激励作用，推动各省你追我赶做好相关工作。

（2）加大对最严格水资源管理制度实施、考核工作开展及考核结果的社会宣传力度。通过日常的媒体宣传报道、社交媒体信息发布等加强对最严格水资源管理制度重点举措、考核工作开展过程的推广宣传，加深公众认识，促进公众监督；考核结果发布建议采取召开国务院新闻发布会或水利部新闻发布会的形式，邀请各大主流媒体参加，积极利用水利部及各直属单位的网络、社交媒体等进行宣传，扩大社会影响范围。

（3）严格追责问责。严格按照《考核办法》相关规定，对考核不合格的省份进行追责问责；建议对“三条红线”指标中任一指标不合格的省份通过通报点名、行政约谈、限制项目审批等方式进行问责；恢复“一票否决”事项作为考核内容（包括三项：考核数据资料弄虚作假；重要饮用水水源地发生水污染事件应对不力，严重影响供水安全；违反相关法律法规，不执行水量调度计划，情节严重），严格对相关事项执行“一票否决”。

附录A

考核办法及历年考核方案

A-1 实行最严格水资源管理制度考核办法

第一条 为推进实行最严格水资源管理制度，确保实现水资源开发利用和节约保护的主要目标，根据《中华人民共和国水法》、《中共中央 国务院关于加快水利改革发展的决定》（中发〔2011〕1号）、《国务院关于实行最严格水资源管理制度的意见》（国发〔2012〕3号）等有关规定，制定本办法。

第二条 考核工作坚持客观公平、科学合理、系统综合、求真务实的原则。

第三条 国务院对各省、自治区、直辖市落实最严格水资源管理制度情况进行考核，水利部会同发展改革委、工业和信息化部、监察部、财政部、国土资源部、环境保护部、住房城乡建设部、农业部、审计署、统计局等部门组成考核工作组，负责具体组织实施。

各省、自治区、直辖市人民政府是实行最严格水资源管理制度的责任主体，政府主要负责人对本行政区域水资源管理和保护工作负总责。

第四条 考核内容为最严格水资源管理制度目标完成、制度建设和措施落实情况。

各省、自治区、直辖市实行最严格水资源管理制度主要目标详见附件；制度建设和措施落实情况包括用水总量控制、用水效率控制、水功能区限制纳污、水资源管理责任和考核等制度建设及相应措施落实情况。

第五条 考核评定采用评分法，满分为100分。考核结果划分为优秀、良好、合格、不合格四个等级。考核得分90分以上为优秀，80分以上90分以下为良好，60分以上80分以下为合格，60分以下为不合格。（以上包括本数，以下不包括本数）

第六条 考核工作与国民经济和社会发展五年规划相对应，每五年为一个考核期，采用年度考核和期末考核相结合的方式进行。在考核期的第2至5年上半年开展上年度考核，在考核期结束后的次年上半年开展期末考核。

第七条 各省、自治区、直辖市人民政府要按照本行政区域考核期水资源管理控制目标，合理确定年度目标和工作计划，在考核期起始年3月底前报送水利部备案，同时抄送考核工作组其他成员单位。如考核期内对年度目标和工作计划有调整的，应及时将调整情况报送备案。

第八条 各省、自治区、直辖市人民政府要在每年3月底前将本地区上年度或上一考核期的自查报告上报国务院，同时抄送水利部等考核工作组成员单位。

第九条 考核工作组对自查报告进行核查，对各省、自治区、直辖市进行重点抽查和现场检查，划定考核等级，形成年度或期末考核报告。

第十条 水利部在每年6月底前将年度或期末考核报告上报国务院，经国务院审定后，向社会公告。

第十一条 经国务院审定的年度和期末考核结果，交由干部主管部门，作为对各省、自治区、直辖市人民政府主要负责人和领导班子综合考核评价的重要依据。

第十二条　对期末考核结果为优秀的省、自治区、直辖市人民政府，国务院予以通报表扬，有关部门在相关项目安排上优先予以考虑。对在水资源节约、保护和管理中取得显著成绩的单位和个人，按照国家有关规定给予表彰奖励。

第十三条　年度或期末考核结果为不合格的省、自治区、直辖市人民政府，要在考核结果公告后一个月内，向国务院作出书面报告，提出限期整改措施，同时抄送水利部等考核工作组成员单位。

整改期间，暂停该地区建设项目新增取水和入河排污口审批，暂停该地区新增主要水污染物排放建设项目环评审批。对整改不到位的，由监察机关依法依纪追究该地区有关责任人员的责任。

第十四条　对在考核工作中瞒报、谎报的地区，予以通报批评，对有关责任人员依法依纪追究责任。

第十五条　水利部会同有关部门组织制定实行最严格水资源管理制度考核工作实施方案。

各省、自治区、直辖市人民政府要根据本办法，结合当地实际，制定本行政区域内实行最严格水资源管理制度考核办法。

第十六条　本办法自发布之日起施行。

A－2　实行最严格水资源管理制度考核工作实施方案（2014年印发）

为落实《国务院关于实行最严格水资源管理制度的意见》（国发〔2012〕3号），推动最严格水资源管理制度考核工作，依据《国务院办公厅关于印发实行最严格水资源管理制度考核办法的通知》（国办发〔2013〕2号）要求，制定本方案。

一、适用范围

本方案适用于国务院对全国31个省级行政区落实最严格水资源管理制度情况进行考核，考核对象为各省级行政区人民政府。

二、考核组织

水利部会同发展改革委、工业和信息化部、财政部、国土资源部、环境保护部、住房城乡建设部、农业部、审计署、统计局等部门组成实行最严格水资源管理制度考核工作组（以下简称考核工作组），负责具体组织实施对各省、自治区、直辖市落实最严格水资源管理制度情况的考核，形成年度或期末考核报告。

考核工作组办公室（以下简称考核办）设在水利部，承担考核工作组的日常工作。

三、考核内容

考核内容包括最严格水资源管理制度目标完成、制度建设和措施落实情况两部分。

（一）目标完成情况

目标完成情况考核4项指标：用水总量、万元工业增加值用水量、农田灌溉水有效利用系数和重要江河湖泊水功能区水质达标率。指标定义及计算、评分方法见附件1。

（二）制度建设和措施落实情况

制度建设和措施落实情况包括用水总量控制、用水效率控制、水功能区限制纳污、水资源管理责任和考核等制度建设及相应措施落实情况。评分方法见附件2。

四、考核程序

（一）发布年度考核工作通知

水利部商考核工作组各成员单位，于考核期内各年度2月发布年度考核工作通知，明确对上一年度或期末考核工作的具体要求。

（二）确定年度目标和工作计划

各省级行政区人民政府根据考核期水资源管理控制目标、制度建设和措施落实要求，合理确定年度目标，制定年度工作计划，于考核期起始年3月底前报送水利部备案，同时抄送考核工作组其他成员单位。考核期内年度目标和工作计划有调整的，应于每年3月底前及时将调整情况报送备案。逾期未上报或报送年度目标和工作计划不符合要求的，由水利部通知该省级行政区人民政府限期补报或重新上报；仍不符合要求的，由考核工作组根据该行政区域考核期水资源管理控制目标直接确定其年度考核目标或进行合理调整。

（三）省级政府自查

各省级行政区人民政府组织开展自查，形成自查报告，相关数据协商一致后，于每年3月底前报国务院，并抄送水利部等考核工作组成员单位。

省级水行政主管部门会同相关部门将用于自查报告复核的相关技术资料同时报送水利部。

（四）核查和抽查

受考核工作组委托，考核办组织对省级行政区人民政府上报的自查报告和相关的技术资料进行真实性、准确性和合理性检验及核算分析。

在资料核查的基础上，考核工作组对各省级行政区进行重点抽查和现场检查。重点抽查内容包括对省级行政区人民政府上报的相关技术资料现场核对以及对重点用水户取用水量、用水效率、水功能区水质状况等进行实地检查。

（五）形成考核报告

考核办综合自查、核查和重点抽查结果，提出各省级行政区年度或期末考核评分和等级建议，相关数据协商一致后，形成年度或期末考核报告，经考核工作组审定后，由水利部在每年6月底前上报国务院。

五、考核评分

考核评定采用评分法，满分为100分。

（一）年度考核评分

各年度考核得分为目标完成、制度建设和措施落实情况两部分分值加权，保留整数。计算公式为：年度考核得分＝目标完成情况得分×权重系数＋制度建设和措施落实情况得分×权重系数。

目标完成，制度建设和措施落实情况评分方法详见附件1和附件2。权重系数在年度考核工作通知中明确。

（二）期末考核评分

期末考核总分由各年度考核平均得分（不包括期末年）和期末年考核得分加权，分值保留整数。其中年度考核平均得分权重占40％，期末年考核得分占60％。计算公式为：期末考核总分＝各年度考核平均得分×40％＋期末年考核得分×60％。

（三）考核等级确定

根据年度或期末考核的评分结果划分为优秀、良好、合格、不合格四个等级。考核得分90分以上为优秀，80分以上90分以下为良好，60分以上80分以下为合格，60分以下为不合格。（以上包括本数，以下不包括本数）

六、考核结果使用

（一）考核结果公告与使用

年度、期末考核结果经国务院审定后向社会公告，并交由干部主管部门，作为对各省级行政区人民政府主要负责人和领导班子综合考核评价的重要依据。

（二）奖励与表彰

对期末考核结果为优秀的省级行政区人民政府，国务院予以通报表扬，有关部门在相关项目安排上优先予以考虑。对在水资源节约、保护和管理中取得显著成绩的单位和个人，按照国家有关规定给予表彰奖励。

（三）整改检查

年度或期末考核结果不合格的省级行政区人民政府，要在考核结果公告后1个月内，向国务院做出书面报告，提出限期整改措施，同时抄送水利部等考核工作组成员单位。

整改期间，暂停该地区建设项目新增取水和入河排污口审批，暂停该地区新增主要水污染物排放建设项目环评审批。

（四）追究责任

对整改不到位的，由相关部门依法依纪追究该地区有关责任人员的责任。

对在考核工作中有瞒报、谎报、漏报等弄虚作假行为的地区，予以通报批评，对有关责任人员依法依纪追究责任。

附件：1. 目标完成情况评分方法

2. 制度建设和措施落实情况评分方法

附件 1

目标完成情况评分方法

4 项指标中，用水总量指标分值 30 分、万元工业增加值用水量指标分值 20 分、农田灌溉水有效利用系数指标分值 20 分、重要江河湖泊水功能区水质达标率指标分值 30 分。工业增加值数据由国家统计局负责，其余数据由各省级行政区明确水行政主管部门会同有关部门提供。

一、用水总量

（一）定义及计算

用水总量指各类用水户取用的包括输水损失在内的毛水量，包括农业用水、工业用水、生活用水、生态环境补水四类。当年用水总量折算成平水年用水总量进行考核。

农业用水指农田灌溉用水、林果地灌溉用水、草地灌溉用水和鱼塘补水。

工业用水指工矿企业在生产过程中用于制造、加工、冷却、空调、净化、洗涤等方面的用水，按新水取用量计，不包括企业内部的重复利用水量。水力发电等河道内用水不计入用水量。

生活用水包括城镇生活用水和农村生活用水。城镇生活用水由居民用水和公共用水（含第三产业及建筑业等用水）组成；农村生活用水除居民生活用水外，还包括牲畜用水在内。

生态环境补水包括人为措施供给的城镇环境用水和部分河湖、湿地补水，不包括降水、径流自然满足的水量。

（二）评分方法

年度用水总量小于等于年度考核目标值时，指标得分＝［（考核目标值－实际值)/考核目标值]×30＋30×80%。得分最高不超过30分。

年度用水总量大于目标值时，目标完成情况得分为0分。

二、万元工业增加值用水量

（一）定义及计算

万元工业增加值用水量指工业用水量与工业增加值（以万元计）的比值。计算公式为：万元工业增加值用水量（立方米/万元）＝工业用水量（立方米）/工业增加值（万元）。其中，工业增加值按2000年不变价计。

万元工业增加值用水量降幅指当年度万元工业增加值用水量比上年度下降的百分比。

（二）评分方法

万元工业增加值用水量降幅达到或超过年度考核目标值时，指标得分＝［(实际值－考核目标值)/考核目标值]×20＋20×80%。得分最高不超过20分。

万元工业增加值用水量降幅低于目标值时，目标完成情况得分为0分。

三、农田灌溉水有效利用系数

（一）定义及计算

农田灌溉水有效利用系数指灌入田间可被作物吸收利用的水量与灌溉系统取用的灌溉总水量的比值。计算公式为：农田灌溉水有效利用系数＝灌入田间可被作物吸收利用的水量（立方米）/灌溉系统取用的灌溉总水量（立方米）。

（二）评分方法

农田灌溉水有效利用系数大于等于年度考核目标值时，指标得分＝[(实际值－考核目标值)/考核目标值]×20＋20×80%。得分最高不超过20分。

农田灌溉水有效利用系数小于目标值时，目标完成情况得分为0分。

四、重要江河湖泊水功能区水质达标率

（一）定义及计算

重要江河湖泊水功能区水质达标率指水质评价达标的水功能区数量与全部参与考核的水功能区数量的比值（单位为百分比）。计算公式为：重要江河湖泊水功能区水质达标率＝（达标的水功能区数量/参与考核的水功能区数量）×100％。

（二）评分方法

重要江河湖泊水功能区水质达标率大于等于年度考核目标值时，指标得分＝[（实际值－考核目标值）/考核目标值]×30＋30×80％。得分最高不超过30分。

重要江河湖泊水功能区水质达标率小于目标值时，目标完成情况得分为0分。

附件2

制度建设和措施落实情况评分方法

制度建设和措施落实情况评分以100分计，评分内容包括用水总量控制、用水效率控制、水功能区限制纳污、水资源管理责任和考核等制度建设及相应措施落实情况。具体评分标准见下表。

制度建设和措施落实情况评分表

项目	序号	分项	分值	主要考核内容
用水总量控制	1	严格规划管理和水资源论证	5	按照流域和区域统一制定水资源规划；在相关规划编制和项目建设布局中加强水资源论证工作，严格执行建设项目水资源论证制度。

续表

项目	序号	分项	分值	主要考核内容
用水总量控制	2	严格控制区域取用水总量	5	加快制定主要江河流域水量分配方案，建立辖区内取用水总量控制指标体系，实施区域取用水总量控制和年度用水总量管理；鼓励建立和探索水权制度，运用市场机制合理配置水资源。
	3	严格实施取水许可	5	对取用水总量达到或超过控制指标的地区，暂停审批建设项目新增取水；对取用水总量接近控制指标的地区，限制审批建设项目新增取水；严格规范建设项目取水许可审批管理。
	4	严格水资源有偿使用	5	严格水资源费征收、使用和管理，完善水资源费征收、使用和管理的规章制度；水资源费主要用于水资源节约、保护和管理，加大水资源费调控作用，严格依法查处挤占挪用水资源费的行为。
	5	严格地下水管理和保护	5	实行地下水取用水总量控制和水位控制；核定并公布地下水禁采和限采范围，严格查处地下水违规采用；规范机井建设审批管理，限期关闭在城市公共供水管网覆盖范围内的自备水井；编制并实施地下水利用与保护规划。
	6	强化水资源统一调度	5	制定和完善水资源调度方案、应急调度预案和调度计划，对水资源实行统一调度；区域水资源调度服从流域水资源统一调度；地方人民政府和部门等服从经批准的水资源调度方案、应急调度预案和调度计划。
	小计		30	

续表

项目	序号	分项	分值	主要考核内容
用水效率控制	7	全面加强节约用水管理	8	切实推进节水型社会建设，建立健全有利于节约用水的体制和机制；稳步推进水价改革；引水、调水、取水、供用水工程建设首先考虑节水要求；深入推进节水型企业建设；水资源短缺地区限制高耗水产业发展，遏制农业粗放用水。
	8	强化用水定额管理	6	严格用水定额管理；强化用水监控管理，对纳入取水许可管理的单位和其他用水大户实行计划用水管理；实行节水“三同时”制度，对违反“三同时”制度的责令停止取用水并限期整改。
	9	加快推进节水技术改造	6	严格执行节水强制性标准，禁止生产和销售不符合节水强制性标准的产品；加快推广先进适用的节水技术、工业、装备和产品，加大农业、工业、生活节水技术改造力度；大力推广使用生活节水器具，着力降低供水管网漏损率；鼓励非常规水源开发利用，并纳入水资源统一配置。
	小计		20	
水功能区限制纳污	10	严格水功能区监督管理	8	完善水功能区监督管理制度，建立水功能区水质达标评价体系；从严核定水域纳污容量，严格控制入河湖排污总量；把限制排污总量作为水污染防治和污染减排工作的重要依据，切实加强水污染防控，加强工业污染源控制，提高城市污水处理率，改善水环境质量；严格入河湖排污口监督管理，对排污量超出水功能区限排总量的地区，限制审批新增取水和入河湖排污口。

续表

项目	序号	分项	分值	主要考核内容
水功能区限制纳污	11	加强饮用水水源保护	6	依法划定饮用水水源保护区，组织开展饮用水水源地达标建设；禁止在饮用水水源保护区内设置排污口；完善饮用水水源地核准和安全评估制度；加快实施全国城市饮用水水源地安全保障规划和农村饮水安全工程规划；制定饮用水水源地突发事件应急预案，实行单水源供水的城市，应在安全评估的基础上建立备用水源。
	12	推进水生态系统保护与修复	6	维持河流合理流量和湖泊、水库以及地下水的合理水位，维护河湖健康生态；加强水资源保护，推进生态脆弱河流和地区水生态修复；推进河湖健康评估，建立健全水生态补偿机制。
	小　　计		20	
其他制度建设及相应措施落实情况	13	建立水资源管理责任和考核	6	逐级落实水资源管理责任，建立考核工作体系，考核结果作为县级以上地方人民政府相关领导干部综合考核评价依据。
	14	健全水资源监控体系	6	加强水质水量监测能力建设；加快应急机动监测能力建设；提高水资源监控能力；完善水资源信息统计与发布体系。
	15	完善水资源管理体制	6	完善流域管理与行政区域管理相结合的水资源管理体制；强化城乡水资源统一管理。
	16	完善水资源管理投入机制	6	建立长效、稳定的水资源管理投入机制，加大财政资金对水资源节约、保护和管理的支持力度。
	17	健全政策法规和社会监督机制	6	完善水资源配置、节约、保护和管理等方面的政策法规体系；开展水情宣传教育，强化社会舆论监督，完善公众参与机制；对在水资源节约、保护和管理中取得显著成绩的单位和个人给予表彰奖励。
	小　　计		30	
合　　计			100	

A－3 “十三五”实行最严格水资源管理制度考核工作实施方案

为落实《国务院关于实行最严格水资源管理制度的意见》（国发〔2012〕3号），推动最严格水资源管理制度考核工作，依据《国务院办公厅关于印发实行最严格水资源管理制度考核办法的通知》（国办发〔2013〕2号，以下简称《考核办法》）要求，在总结“十二五”期间考核工作的基础上，并按照党中央和国务院的最新要求，对《实行最严格水资源管理制度考核工作实施方案》（水资源〔2014〕61号）进行修订，形成《“十三五”实行最严格水资源管理制度考核工作实施方案》（以下简称本方案）。

一、适用范围

本方案适用于国务院对全国31个省级行政区“十三五”期间落实最严格水资源管理制度情况进行考核，考核对象为各省级行政区人民政府。

二、考核组织

水利部会同发展改革委、工业和信息化部、财政部、国土资源部、环境保护部、住房城乡建设部、农业部、统计局等部门组成实行最严格水资源管理制度考核工作组（以下简称考核工作组），负责具体组织实施对各省、自治区、直辖市落实最严格水资源管理制度情况的考核，形成年度或期末考核报告。

考核工作组办公室（以下简称考核办）设在水利部，承担考核工作组的日常工作。

三、考核内容

考核内容包括目标完成、制度建设和措施落实情况，同时设置创新奖励及其他加分事项、“一票否决”事项。评分方法见附件1和附件2。

（一）目标完成情况

目标完成情况考核6项指标：用水总量、万元国内生产总值用水量降幅、万元工业增加值用水量降幅、农田灌溉水有效利用系数、重要江河湖泊水功能区水质达标率和重要水功能区污染物总量减排量。

（二）制度建设情况

制度建设情况包括河长制度，取水许可与水资源论证制度，水资源用途管制制度，地下水管理和保护制度，用水定额、计划用水和节水管理制度，水价和水资源费制度，水功能区划及相关管理制度，重要饮用水水源地安全评估制度，水资源管理考核制度等9项制度建设情况。

（三）措施落实情况

措施落实情况包括节水优先、水资源保护、监督与管理、基础能力等4类措施落实情况。

（四）其他情况

其他情况包括创新奖励及其他加分事项、“一票否决”事项。

四、考核程序

（一）发布年度考核工作通知

水利部商考核工作组各成员单位，于考核期内各年度1月发布年度考核工作通知，明确对上一年度或期末考核工作的具体安排。

（二）省级政府自查

各省级行政区人民政府组织开展自查，形成自查报告，于每年3月底前报国务院，并抄送水利部等考核工作组成员单位。

省级水行政主管部门会同相关部门将用于自查报告复核的相关技术资料同时报送水利部。

（三）核查和抽查

受考核工作组委托，考核办组织对省级行政区人民政府上报的自查报告和相关的技术资料进行真实性、准确性和合理性检验及核算分析。

在资料核查的基础上，考核工作组对各省级行政区进行重点抽查和现场检查。重点抽查内容包括对省级行政区人民政府上报的相关技术资料现场核对以及对重点用水户取用水量、用水效率、水功能区水质状况等进行实地检查。

（四）形成考核报告

考核办综合自查、核查和重点抽查结果，提出各省级行政区年度或期末考核评分和等级建议，形成年度或期末考核报告，经考核工作组审定后，由水利部在每年6月底前上报国务院。

五、考核评分

考核评定采用评分法，满分为100分。

（一）年度考核评分

各年度考核得分为目标完成、制度建设、措施落实和其他情况分值之和，其中目标完成情况35分、制度建设情况30分、措施落实情况35分，其他情况作为加分事项和“一票否决”事项。

（二）期末考核评分

期末考核总分由各年度考核平均得分（不包括期末年）和期末年考核得分加权，分值保留整数。其中年度考核平均得分权重占 50%，期末年考核得分占 50%。计算公式为：期末考核总分=各年度考核平均得分×50%+期末年考核得分×50%。

（三）考核等级确定

根据年度或期末考核的评分结果划分为优秀、良好、合格、不合格四个等级。考核得分 90 分以上为优秀，80 分以上 90 分以下为良好，60 分以上 80 分以下为合格，60 分以下为不合格。（以上包括本数，以下不包括本数）

六、考核结果使用

（一）考核结果公告与使用

年度、期末考核结果经国务院审定后向社会公告，并交由干部主管部门，作为对各省级行政区人民政府主要负责人和领导班子综合考核评价的重要依据。

（二）奖励与表彰

对期末考核结果为优秀的省级行政区人民政府，国务院予以通报表扬，有关部门在相关项目安排上优先予以考虑。对在水资源节约、保护和管理中取得显著成绩的单位和个人，按照国家有关规定给予表彰奖励。

（三）整改检查

年度或期末考核结果不合格的省级行政区人民政府，要在考核结果公告后 1 个月内，向国务院做出书面报告，提出限期整改措施，同时抄送水利部等考核工作组成员单位。

整改期间，按照《考核办法》相关规定执行。

（四）追究责任

对整改不到位的，由相关部门依法依纪追究该地区有关责任人员的责任。

对在考核工作中有瞒报、谎报、漏报等弄虚作假行为的地区，予以通报批评，对有关责任人员依法依纪追究责任。

附件：1. 目标完成情况评分方法

2. 制度建设和措施落实情况评分方法

附件 1

目标完成情况评分方法

目标完成情况分值 35 分，评分内容包括用水总量控制目标、用水效率控制目标、水功能区限制纳污目标 3 类目标 6 项指标，其中用水总量控制目标的用水总量指标分值为 10 分，用水效率控制目标的万元国内生产总值用水量降幅指标、万元工业增加值用水量降幅指标和农田灌溉水有效利用系数指标分值为 10 分（南方）/15 分（北方），水功能区限制纳污目标的重要水功能区水质达标率指标和重要水功能区污染物总量减排量指标分值为 15 分（南方）/10 分（北方）。相关数据由地方人民政府负责提供。

用水总量、重要江河湖泊水功能区水质达标率等指标的计算，视当年来水情况，按照《全国水资源综合规划》有关口径、《全国重要江河湖泊水功能区水质达标评价技术方案》等有关规定，考虑农业用水量、入境水质或背景值等影响，进行适当修正。万元国内生产总值用水量降幅、万元工业增加值用水量降幅等指标的计算，视地方国内生产总值负增长、零增长等情况予以适当考虑，降幅不为负数。

北方指北京、天津、河北、山西、内蒙古、辽宁、吉林、黑龙江、山东、河南、陕西、甘肃、宁夏、新疆等 14 个省（自治区、直辖市）。其他省（自治区、直辖市）为南方，包括江河源头区的青海、西藏，下同。

一、用水总量控制目标

用水总量控制目标指用水总量指标。

用水总量指各类用水户取用的包括输水损失在内的毛水量，包括农业用水、工业用水、生活用水、人工生态环境补水四类。当年用水总量折算成平水年用水总量进行考核。

农业用水指农田灌溉用水、林果地灌溉用水、草地灌溉用水和鱼塘补水。工业用水指工矿企业在生产过程中用于制造、加工、冷却、空调、净化、洗涤等方面的用水，按新水取用量计，不包括企业内部的重复利用水量。水力发电等河道内用水不计入用水量。生活用水包括城镇生活用水和农村生活用水，城镇生活用水由居民用水和公共用水（含第三产业及建筑业等用水）组成。人工生态环境补水包括人为措施供给的城镇环境用水和部分河湖、湿地补水，不包括降水、径流自然满足的水量。

年度用水总量小于等于年度目标值者，得分为 10 分；大于年度目标值者，不得分。

二、用水效率控制目标

用水效率控制目标包括万元国内生产总值用水量降幅指标、万元工业增加值用水量降幅指标和农田灌溉水有效利用系数指标。北方地区用水效率控制目标奖励分值为 3 分，其中万元国内生产总值用水量和万元工业增加值用水量奖励分值均为 1.5 分；南方地区奖励分值为 1 分，其中万元国内生产总值用水量和万元工业增加值用水量奖励分值均为 0.5 分。具体奖励标准为：

万元国内生产总值用水量降幅达到目标值，且万元国内生产总值用水量低于 60 立方米/万元（含 60 立方米/万元），奖励分值为北方 1.5 分，南方 0.5 分。万元国内生产总值用水量降幅达到目标值，但万元国内生产总值用水量大于 60 立方米/万元，下降率高于目标下降率 10%（含 10%）以上的，奖励分值为北方 1.5 分，南方 0.5 分；下降率高于目标下降率 5%～10%（含 5%）的，奖励分值为北方 1 分，南方 0.3 分。

万元工业增加值用水量降幅达到目标值，且万元工业增加值用水量低于20立方米/万元（含20立方米/万元），奖励分值为北方1.5分，南方0.5分。万元工业增加值用水量降幅达到目标值，但万元工业增加值用水量高于20立方米/万元，下降率高于目标下降率10%以上（含10%）的，奖励分值为北方1.5分，南方0.5分；下降率高于目标下降率5%～10%（含5%）的，奖励分值为北方1分，南方0.3分。

（一）万元国内生产总值用水量降幅

万元国内生产总值用水量指用水总量与国内生产总值（以万元计）的比值。计算公式为：万元国内生产总值用水量（立方米/万元）=用水总量（立方米）/国内生产总值（万元）。其中，国内生产总值按2015年可比价计。

万元国内生产总值用水量降幅指当年度万元国内生产总值用水量比2015年下降的百分比。

万元国内生产总值用水量降幅达到年度目标值者，得分为3分（南方）/4分（北方）；低于目标值者，不得分。

（二）万元工业增加值用水量降幅

万元工业增加值用水量指工业用水量与工业增加值（以万元计）的比值。计算公式为：万元工业增加值用水量（立方米/万元）=工业用水量（立方米）/工业增加值（万元）。其中，工业增加值按2015年可比价计。

万元工业增加值用水量降幅指当年度万元工业增加值用水量比2015年下降的百分比。

万元工业增加值用水量降幅达到年度目标值者，得分为3分（南方）/4分（北方）；低于目标值者，不得分。

（三）农田灌溉水有效利用系数

农田灌溉水有效利用系数指灌入田间可被作物吸收利用的水

量与灌溉系统取用的灌溉总水量的比值。计算公式为：农田灌溉水有效利用系数＝灌入田间可被作物吸收利用的水量（立方米）/灌溉系统取用的灌溉总水量（立方米）。

农田灌溉水有效利用系数达到年度目标值者，得分为3分（南方）/4分（北方）；低于目标值者，不得分。

三、水功能区限制纳污目标

水功能区限制纳污目标包括重要水功能区水质达标率指标和重要水功能区污染物总量减排量指标。重要水功能区水质达标率指标超过目标值，且重要水功能区污染物总量比上一年减少1%～2%（含1%，不含2%），水功能区限制纳污目标奖励分值为1.5分（南方）/1分（北方）；重要水功能区水质达标率指标超过目标值，且重要水功能区污染物总量比上一年减少2%以上（含2%），水功能区限制纳污目标奖励分值为3分（南方）/2分（北方）。

（一）重要江河湖泊水功能区水质达标率

重要江河湖泊水功能区水质达标率指水质评价达标的水功能区数量与全部参与考核的水功能区数量的比值（单位为百分比）。计算公式为：重要江河湖泊水功能区水质达标率＝（达标的水功能区数量/参与考核的水功能区数量）×100%。

重要江河湖泊水功能区水质达标率达到年度目标值者，得分为9分（南方）/6分（北方）；低于目标值者，不得分。

（二）重要水功能区污染物总量减排量

重要水功能区污染物总量减排量指重要水功能区内主要污染物年入河总量较上年减少量。“十三五”期间选择部分重要水功能区进行核算，主要污染物入河总量较上年度减少的，本项指标得分。

重要水功能区污染物总量减排量较上年度减少者，得分为3分（南方）/2分（北方）；不减少者，不得分。

附件 2

制度建设和措施落实情况评分方法

制度建设和措施落实情况分值 65 分，评分内容包括制度建设、措施落实和其他情况，其中制度建设情况分值 30 分，措施落实情况分值 35 分，其他情况作为加分事项和一票否决事项。具体评分标准见下表。

制度建设和措施落实情况评分表

<table>
<tr><th>内容
（总分）</th><th colspan="2">考核指标及评分标准</th><th>分值</th></tr>
<tr><td>制度建设
（30 分）</td><td colspan="2">1. 河长制度
2. 取水许可与水资源论证制度
3. 水资源用途管制制度
4. 地下水管理和保护制度
5. 用水定额、计划用水和节水管理制度
6. 水价和水资源费制度
7. 水功能区划及相关管理制度
8. 重要饮用水水源地安全评估制度
9. 水资源管理考核制度
以上第 4、第 5、第 7 项视南北方地区差异确定分值。</td><td>5
4
2
2～3
4～5
2
3～5
4
2</td></tr>
<tr><td rowspan="2">措施落实
（35 分）</td><td>节水优先</td><td>1. 农业节水和高耗水行业节水
2. 用水定额和计划用水管理
3. 管网漏损和公共节水
4. 水价改革和水资源费征管
5. 非常规水源利用和节水宣传</td><td>4
2
2
2
2</td></tr>
<tr><td>水资源
保护</td><td>6. 饮用水水源地保护
7. 入河排污口监督管理
8. 省界缓冲区管理
9. 水生态修复和水系连通
以上第 7 项视南北方地区差异确定分值。</td><td>2
2～3
1
1</td></tr>
</table>

续表

内容（总分）	考核指标及评分标准		分值
措施落实（35 分）	监督与管理	10. 水资源论证和取水许可管理 11. 江河水量分配及调度计划执行 12. 地下水管理及超采区综合治理 13. 水功能区监管 以上第 11 项和第 12 项考核北方，第 13 项视南北方地区差异确定分值。	3 2 2 1～4
	基础能力	14. 考核结果纳入政府主要领导考核评价 15. 信息系统应用和国控项目（二期）建设 16. 水资源计量监控和用水统计 17. 水资源统一管理、队伍建设	2 3 2 2
其他	1. 创新奖励及其他加分 水资源节约、保护、管理等方面创新性工作，及其地方特色工作取得显著成效者，加 1～5 分，计入总分。 2. 一票否决 下列情况之一者，年度考核结果为不合格：存在报送考核数据资料弄虚作假；重要饮用水水源地发生水污染事件应对不力，严重影响供水安全；违反相关法律法规，不执行水量调度计划，情节严重。		
65 分			

注：[1]　“管网漏损和公共节水”由住房城乡建设部提出评分意见。

[2]　“入河排污口监督管理”“水功能区监管”统筹水利、环境保护、住房城乡建设三部门。

A－4　2019 年度实行最严格水资源管理制度考核方案

为贯彻“节水优先、空间均衡、系统治理、两手发力”新时期治水方针，全面落实最严格水资源管理制度，根据中央规范督查检查考核工作有关要求、《国务院办公厅关于印发实行最严格水资源管理制度考核办法的通知》（国办发〔2013〕2号，以下简称《考核办法》）和《水利部等9部门关于印发〈“十三五”实行最严格水资源管理制度考核工作实施方案〉的通知》（水资源〔2016〕463号，以下简称《“十三五”考核方案》），制定《2019年度实行最严格水资源管理制度考核方案》。

一、考核内容

2019年度考核内容包括目标完成情况、制度建设和措施落实情况。

（一）目标完成情况

考核用水总量控制目标、用水效率控制目标和水功能区限制纳污目标完成情况，主要包括用水总量、万元国内生产总值用水量降幅、万元工业增加值用水量降幅、农田灌溉水有效利用系数、重要江河湖泊水功能区水质达标率等5项指标，重点考核2018年度指标完成情况，同时参考2019年度初步结果。目标完成情况计算及评分方法参照《“十三五”考核方案》。

（二）制度建设和措施落实情况

主要考核2019年度重点工作，包括节约用水管理、取用水监管、水资源保护（含地下水管理）、农村饮水安全监管、河湖管理等5项内容。

2019年度实行最严格水资源管理制度考核内容及相关要求见附件1。

二、考核方式

采用日常考核与终期考核相结合的方式，以日常考核为主。日常考核主要采用“四不两直”方式进行检查，终期考核将根据日常考核与核查情况进行年度考核结果评定。各项考核内容具体考核方式见附件1。

三、考核程序

（一）检查

考核工作组办公室组织对各省（自治区、直辖市）有关工作采用“四不两直”方式进行日常检查。检查内容主要包括节约用水攻坚战、节水监管、节水型社会建设、节水宣传教育、取水口监管、全国重要饮用水水源地达标建设、农村饮水安全巩固提升、农村饮水型氟超标改水、农村饮水安全管理责任、河湖长制相关任务落实、河湖突出问题及整改、河湖保护专项行动等内容（附件1中“四不两直”方式对应的考核事项）。

对于检查中发现的主要问题，以“一省一单”方式反馈有关省（自治区、直辖市）进行整改。

（二）省级政府自查

各省（自治区、直辖市）人民政府按照考核内容，组织开展自查。自查内容主要包括目标完成情况中的5项指标情况；制度建设和措施落实情况中的国家节水行动方案、用水强度控制实施、水量分配与调度、用水总量管理、水价改革与水资源有偿使用、地下水管理、生态流量（水量）管控、河湖管理基础工作等内容（附件1中“自查”方式对应的考核事项）。

2019年6月底前，各省（自治区、直辖市）人民政府将2018年度用水总量控制目标、用水效率控制目标、水功能区限制纳污目标等目标完成情况报水利部，报送材料要求参照附件3。

2020年1月底前，各省（自治区、直辖市）人民政府将2019年度目标完成情况初步结果、制度建设和措施落实情况自查报告报国务院，并抄送水利部等考核工作组成员单位，自查报告提纲见附件 2；同时，省级水行政主管部门会同相关部门将自查报告相关支撑材料报水利部，支撑材料要求见附件 3。

（三）核查与抽查

考核工作组办公室结合各省（自治区、直辖市）人民政府报送的自查材料，对 2019 年度国家节水行动方案、水量分配与调度等内容进行核查（附件 1 中“核查”方式对应的考核事项），对 2018 年度目标完成情况以及 2019 年度用水强度控制实施、用水总量管理、水价改革与水资源有偿使用、地下水管理、生态流量（水量）管控、河湖管理基础工作等重点内容进行抽查（附件 1 中“抽查”方式对应的考核事项）。

（四）考核结果评定

考核工作组办公室综合检查、核查与抽查情况，形成年终考核初步结果，经考核工作组审定后，由水利部于 2020 年 3 月底前报国务院。

四、考核评分

考核评分满分为 100 分（考核内容评分见附件 1）。根据年度考核的评分结果划分为优秀、良好、合格、不合格四个等级。考核得分 90 分以上为优秀，80 分以上 90 分以下为良好，60 分以上 80 分以下为合格，60 分以下为不合格（以上包括本数，以下不包括本数）。

五、考核结果使用

根据《考核办法》规定，年度考核结果经国务院审定后向社会公告，并交由干部主管部门，作为对各省（自治区、直辖市）人民政府主要负责人和领导班子综合考核评价的重要依据。对于年度考核发现的主要问题，以“一省一单”方式反馈有关省（自治区、直辖市）人民政府进行整改。

附件 1

2019年度实行最严格水资源管理制度考核内容及相关要求

类别	分值	序号	考核指标或项目	分值	考核内容	考核方式	
						省级[1]	部级[2]
目标完成情况	28	1	用水总量控制目标	10	依据用水总量控制指标，考核区域年度用水总量控制目标完成情况。	自查	抽查
		2	用水效率控制目标（南方地区9分，北方地区12分[3]）	9～12	1. 万元国内生产总值用水量降幅年度目标完成情况； 2. 万元工业增加值用水量降幅年度目标完成情况； 3. 农田灌溉水有效利用系数年度目标完成情况。		
		3	水功能区限制纳污目标（南方地区9分，北方地区6分）	6～9	重要江河湖泊水功能区水质达标率指标的考核由生态环境部牵头，水利部参与。2018年度考核目标及结果由水利部提供，2019年度由生态环境部提供。		
节约用水管理	21	4	国家节水行动方案	2	1. 省级落实国家节水行动方案情况。包括组织推动、任务落实、跟踪督导等情况。 2. 建立省级节约用水工作协调机制。包括机制建立情况，协调解决节水工作中的重大问题情况。	自查	核查

续表

类别	分值	序号	考核指标或项目	分值	考核内容	考核方式	
						省级[1]	部级[2]
节约用水管理	21	5	用水强度控制实施	4	1. 用水强度控制落实情况。包括省市县三级行政区域用水强度控制指标体系分解及执行情况。 2. 计划用水管理情况。包括用水户用水计划下达及执行情况。 3. 城市公共供水管网漏损率下降情况。 4. 非常规水源利用情况。包括非常规水源开发利用，非常规水源纳入水资源统一配置，当年非常规水源利用量较上年增加或占当年用水总量比例情况。	自查	抽查
		6	节约用水攻坚战	4	1. 落实用水定额管理制度情况。包括省级用水定额制修订情况，以及应用情况。 2. 落实节水评价机制情况。包括节水评价工作开展情况、节水评价登记情况。 3. 实施高校合同节水情况。包括组织创建节水型高校，高校合同节水年度目标任务完成情况。 4. 水利行业节水机关建设情况。包括水利行业节水机关建设实施措施制定情况，节水机关年度目标任务完成情况。		四不两直

续表

类别	分值	序号	考核指标或项目	分值	考核内容	考核方式	
						省级[1]	部级[2]
节约用水管理	21	7	节水监管	3	1. 节水监督检查情况。包括节水监督检查年度措施落实、年度节水重点任务自查和抽查发现问题整改落实等情况。 2. 重点用水单位监控情况。包括国家、省、市三级重点监控用水单位名录建设情况，国家和省级重点监控用水单位名录内的单位接入国家水资源信息管理系统情况，用水在线监控情况。 3. 严重缺水地区将节水作为约束性指标纳入政绩考核情况[4]。包括节水指标作为约束性指标纳入市、县级行政区政绩考核情况。		四不两直
		8	节水型社会建设	5	1. 县域节水型社会达标建设年度目标任务完成情况。包括各省（自治区、直辖市）县域节水型社会达标建设实施计划明确的年度目标任务完成情况。 2. 节水法规和规划等制定出台情况。包括省级节水法规规章等制定和执行情况，以及省级节水规划制定情况。 3. 公共机构节水型单位建设情况。包括省级机关和省属事业单位节水型单位建设情况。 4. 节水型企业建设情况。包括火电、钢铁、纺织、造纸、石化和化工等高耗水行业节水型企业建设情况。 5. 节水型灌区建设情况。		四不两直

续表

类别	分值	序号	考核指标或项目	分值	考核内容	考核方式	
						省级[1]	部级[2]
节约用水管理	21	9	节水宣传教育	3	1. 围绕打好节约用水攻坚战“四个一”重点工作宣传情况。 2. 组织推动“节水大使”等节水主题宣传教育活动情况。 3. 节水宣传教育措施制定和落实情况，在关键节点节水形势宣传情况。		四不两直
取用水监管	15	10	水量分配与调度	4	1. 江河流域水量分配情况。包括已批复的跨省重要江河流域水量分配方案分解落实情况；本行政区域跨地市县河流水量分配工作情况。 2. 水量调度措施落实情况。包括已批复的跨省重要江河流域和跨流域调水工程水量调度方案、年度水量调度计划执行情况，以及确立的管理措施落实情况；无跨省重要江河流域和跨流域调水工程调度的省（自治区、直辖市），考核辖区内江河流域或重大调水工程水量调度情况。	自查	核查
		11	取水口监管	5	1. 取水许可审批管理情况。包括建设项目水资源论证报告书技术审查把关、取水许可审批规范管理情况。 2. 取水行为规范管理情况。包括取水计划管理、取水计量及监管、国家水资源信息管理系统运维、取用水统计管理等日常监管措施落实情况。 3. 取水口监管专项工作情况。包括长江流域取水工程（设施）核查登记落实情况、水利部暗访发现主要问题整改情况等。		四不两直

续表

类别	分值	序号	考核指标或项目	分值	考核内容	考核方式	
						省级[(1)]	部级[(2)]
取用水监管	15	12	用水总量管理	3	1. 规划审批决策落实“四定”情况。包括2019年省级政府及有关部门审批的相关规划开展规划水资源论证、符合“四定”要求情况。 2. 用水总量控制措施落实情况。包括用水总量控制指标分解落实到流域和水源情况，超用水总量控制指标或水资源过度开发地区取水许可限批措施落实情况。	自查	抽查
		13	水价改革与水资源有偿使用	3	1. 农业水价综合改革情况[(5)]。包括累计改革任务完成情况、年度改革计划面积实施情况、年度新增改革实施面积改革措施落实情况。 2. 水资源费税改革及管理情况。包括水资源费税改革试点地区工作任务完成情况；非税改地区，按照《国家发展改革委 财政部 水利部关于水资源费征收标准有关问题的通知》要求，本辖区水资源费征收标准调整情况。 3. 水资源费（税）按标准足额征收情况。	自查	抽查
水资源保护	12	14	地下水管理	5	1. 地下水超采区综合治理情况。包括北京市、天津市和河北省落实华北地区地下水超采综合治理行动方案工作情况及成效；山西省、河南省和山东省地下水超采区综合治理试点年度工作进展情况及成效；南水北调东中线一期工程受水区地下水压采目标任务落实情况。 2. 全国地下水保护与利用规划实施情况（除北京、天津、河北、山西、河南、山东以外的省级行政区）。包括规划目标细化、主要任务和措施落实情况及成效。	自查	抽查

续表

类别	分值	序号	考核指标或项目	分值	考核内容	考核方式	
						省级[1]	部级[2]
水资源保护	12	15	全国重要饮用水水源地达标建设	4	1. 重要饮用水水源地安全保障达标落实情况。 2. 重要饮用水水源地保护措施监管情况。包括重要饮用水水源地监测制度落实、监测信息上传国家水资源信息管理系统、水质信息预警、问题通报及处置等情况。 3. 地级行政区应急备用水源建设情况。包括具备城市备用水源或7天及以上应急供水能力。		四不两直
		16	生态流量（水量）管控	3	重要河湖生态流量（水量）管控情况。包括开展省内重要河湖生态流量（水量）确定，管控责任分解、水量调度、监测预警、管控目标落实等情况；中央生态环保督察发现问题整改落实情况。	自查	抽查
农村饮水安全监管	9	17	农村饮水安全巩固提升	4	农村饮水安全巩固提升年度任务完成情况。包括农村饮水安全巩固提升任务、农村饮水安全脱贫攻坚完成情况和成效。		四不两直
		18	农村饮水型氟超标改水	2	饮水型氟超标改水任务完成情况和成效。		四不两直
		19	农村饮水安全管理责任	3	农村饮水安全管理责任体系建立情况。包括落实农村饮水安全管理地方人民政府的主体责任、水行政主管等部门的行业监管责任、供水单位的运行管理责任“三个责任”，健全完善县级农村饮水工程运行管理机构、运行管理办法和运行管理经费“三项制度”情况。		四不两直

续表

类别	分值	序号	考核指标或项目	分值	考核内容	考核方式	
						省级(1)	部级(2)
河湖管理	15	20	河湖长制相关任务落实	3	河长制湖长制工作推进力度、河湖管理保护成效等。		四不两直
		21	河湖突出问题及整改	4	中央领导批示、主要媒体曝光、水利部暗访等发现的以一省一单形式函送省级人民政府办公厅、省级河长制办公室的问题及整改情况。		四不两直
		22	河湖保护专项行动	5	全国河湖“清四乱”、非法采砂整治、长江干流岸线利用项目清理整治等专项行动开展情况。		四不两直
		23	河湖管理基础工作	3	划定河湖管理范围情况。	自查	抽查
合计	100						

注：(1)“省级”考核形式是指各省（自治区、直辖市）依据“自查”考核事项报送自查材料，其中“省级”空白项不作要求可自行掌握。

(2)“部级”考核形式是指考核工作组对各省（自治区、直辖市）“四不两直”考核事项进行检查，对“自查”考核事项进行资料核查或内容抽查，核查或抽查以“四不两直”或评估形式进行。

(3) 北方地区指北京、天津、河北、山西、内蒙古、辽宁、吉林、黑龙江、山东、河南、陕西、甘肃、宁夏、新疆等14个省（自治区、直辖市）。其他省（自治区、直辖市）为南方地区，包括江河源头区的青海省和西藏自治区。

(4) 严重缺水地区指北京、天津、河北、山西、陕西、甘肃、宁夏、新疆等8个省（自治区、直辖市）。

(5) 农业水价综合改革情况依据附表4进行统计与报送，并提供相关数据来源、情况说明等。

附件2　略

附件3　略

附表　略

A－5　2020年度实行最严格水资源管理制度考核方案

为贯彻“节水优先、空间均衡、系统治理、两手发力”治水思路，全面落实最严格水资源管理制度，根据中央规范督查检查考核工作有关要求、《国务院办公厅关于印发实行最严格水资源管理制度考核办法的通知》（国办发〔2013〕2号，以下简称《考核办法》）和《水利部等9部门关于印发〈“十三五”实行最严格水资源管理制度考核工作实施方案〉的通知》（水资源〔2016〕463号，以下简称《“十三五”考核方案》），制定《2020年度实行最严格水资源管理制度考核方案》。

一、考核内容

2020年度考核内容包括目标完成情况、制度建设和措施落实情况。

（一）目标完成情况

考核2020年度用水总量控制、用水效率控制和水功能区限制纳污管理等目标完成情况，主要包括用水总量、万元国内生产总值用水量降幅、万元工业增加值用水量降幅、农田灌溉水有效利用系数、重要江河湖泊水功能区水质达标率等5项指标。目标完成情况计算及评分方法参照《“十三五”考核方案》。

（二）制度建设和措施落实情况

主要考核2020年度重点工作，包括节约用水管理、取用水监管、水资源保护（含地下水管理）、农村饮水安全监管、河湖管理等5项内容。

2020年度实行最严格水资源管理制度考核内容及相关要求见附件1。

二、考核方式

采用日常考核与终期考核相结合的方式，以日常考核为主。日常考核主要采用“四不两直”等方式进行检查，终期考核将根据日常考核与核查情况进行年度考核结果评定。各项考核内容具体考核方式见附件1。

三、考核程序

（一）检查

考核工作组办公室组织对各省（自治区、直辖市）有关工作采用“四不两直”方式进行日常检查。检查内容主要包括用水强度控制实施、取水口监管、农村饮水安全、河湖管理保护、河长制湖长制工作等相关内容（附件1“四不两直”方式对应的考核事项）。

对于检查中发现的主要问题，以“一省一单”方式反馈各省（自治区、直辖市）进行整改。

（二）省级政府自查

各省（自治区、直辖市）人民政府按照考核内容，组织开展自查。自查内容主要包括目标完成情况中的5项指标情况；制度建设和措施落实情况中的国家节水行动方案推进、水量分配、水资源调度等相关内容（附件1“自查”方式对应的考核事项）。

2021年2月底前，各省（自治区、直辖市）人民政府将2020年度目标完成情况、制度建设和措施落实情况自查报告报国务院，并抄送水利部等考核工作组成员单位，自查报告提纲见附件2；同时，省级水行政主管部门会同相关部门将自查报告相关支撑材料报水利部，支撑材料要求见附件3。

（三）核查与抽查

考核工作组办公室结合各省（自治区、直辖市）人民政府报送的自查材料，对用水效率控制目标和水功能区限制纳污目标、国家节水行动方案推进、水量分配、水资源调度等相关内容进行核查（附件1“核查”方式对应的考核事项），对用水总量控制目标、水价改革、重要饮用水水源保护、生态流量（水量）管控、农村饮水安全脱贫攻坚等相关内容进行抽查（附件1“抽查”方式对应的考核事项）。

（四）考核结果评定

考核工作组办公室综合检查、核查与抽查情况，形成年终考核初步结果，经考核工作组审定后，由水利部会同考核工作组各成员单位于2021年4月底前报国务院。

四、考核评分

2020年是“十三五”期末年，按照《“十三五”考核方案》有关规定，2020年度考核成绩不单独公布，仅公布“十三五”期末考核总成绩。“十三五”期末考核总分由“十三五”期间各年度考核平均得分（不包括2020年）和2020年考核得分加权，其中，2020年成绩占“十三五”期末考核总成绩的50%；2016年度、2017年度和2019年度的考核平均成绩占50%。

“十三五”期末考核的评分结果划分为优秀、良好、合格、不合格四个等级。考核得分90分以上为优秀，80分以上90分以下为良好，60分以上80分以下为合格，60分以下为不合格。（以上包括本数，以下不包括本数）

五、考核结果使用

根据《考核办法》规定，考核结果经国务院审定后向社会公告，并交由干部主管部门，作为对各省（自治区、直辖市）人民政府主要负责人和领导班子综合考核评价的重要依据。对于年度考核发现的主要问题，以“一省一单”方式反馈有关省（自治区、直辖市）人民政府进行整改。

附件1

2020年度实行最严格水资源管理制度考核内容及相关要求

类别	分值	序号	考核指标或项目	分值	考核内容	赋分方式[1]	考核方式[2]
目标完成情况	28	1	用水总量控制目标	10	用水总量年度目标完成情况，10分。按照用水总量目标完成情况得分，同时结合日常监督检查发现的用水量指标落实、用水总量统计及台账质量等问题扣分	得分/减分	自查/抽查
		2	用水效率控制目标（南方地区9分，北方地区12分[3]）	9～12	1. 万元国内生产总值用水量降幅年度目标完成情况，南方地区3分、北方地区4分。 2. 万元工业增加值用水量降幅年度目标完成情况，南方地区3分、北方地区4分。 3. 农田灌溉水有效利用系数年度目标完成情况，南方地区3分、北方地区4分	得分	自查/核查
		3	水功能区限制纳污目标（南方地区9分，北方地区6分）	6～9	重要江河湖泊水功能区水质达标率年度目标完成情况，南方地区9分、北方地区6分。重要江河湖泊水功能区水质达标率指标考核由生态环境部负责	得分	自查/核查

续表

类别	分值	序号	考核指标或项目	分值	考 核 内 容	赋分方式[1]	考核方式[2]
节约用水管理	21	4	国家节水行动方案推进	2	1. 省级节水行动方案确定的2020年各项目标任务完成情况，1分。 2. 建立省级节约用水工作协调机制，协调解决节水工作中的重大问题情况，1分	得分	自查/核查
		5	用水强度控制实施	2	1. 计划用水管理情况。包括用水户用水计划下达及执行情况，水资源超载地区（参照全国水资源承载能力评价结果）年用水量1万立方米及以上工业企业用水计划全覆盖管理情况，1分	减分	四不两直
					2. 城市公共供水管网改造及漏损率下降情况，1分	减分	自查/核查
		6	节约用水攻坚战	6.5	1. 用水定额制修订及执行情况。包括省级用水定额制修订情况，用水单位定额执行情况，2分	减分	四不两直
					2. 节水评价开展情况。包括节水评价登记台账建立情况，节水评价规划或建设项目登记情况，2分	减分	自查/抽查
					3. 节水型高校建设情况。包括节水型高校建设年度目标任务完成情况，1.5分	得分	四不两直
					4. 水利行业节水机关建设情况。包括市、县两级节水机关建设目标任务完成情况，1分	得分	自查/核查

续表

类别	分值	序号	考核指标或项目	分值	考核内容	赋分方式[1]	考核方式[2]
节约用水管理	21	7	节约用水监管	3	1. 节水监督检查情况。包括省级节水监督检查年度计划方案制定实施情况，节水监督检查发现问题整改落实情况，1分	得分	自查/核查
					2. 重点监控用水单位的监控情况。包括省、市两级重点监控用水单位名录建设情况，国家级重点监控用水单位数据信息核查情况，1分	得分	四不两直
					3. 节水纳入政绩考核情况。包括严重缺水地区[4]将节水作为约束性指标纳入政绩考核情况，其他地区将节水指标纳入市、县级政府政绩考核情况，1分	得分	自查/核查
		8	节水型社会建设	3.5	1. 县域节水型社会达标建设目标任务完成情况。包括各省（自治区、直辖市）县域节水型社会达标建设实施计划明确的目标任务完成情况，2分	得分	四不两直
					2. 综合性节水法规和出台财政支持政策等制定执行情况。包括省级节水法规规章等制定和执行情况，以及省级节水财政支持政策制定情况，0.5分。 3. 节水型企业建设情况。包括钢铁、火电、纺织、造纸、石化和化工等规模以上高耗水行业节水型企业建设情况，0.5分。 4. 节水型灌区建设情况。包括大中型灌区中央投资计划完成情况，节水型灌区水效领跑者遴选申报工作情况，0.5分	得分	自查/核查

续表

类别	分值	序号	考核指标或项目	分值	考 核 内 容	赋分方式[1]	考核方式[2]
节约用水管理	21	9	非常规水源利用情况	1.5	1. 将非常规水源纳入水资源统一配置情况，0.5 分。 2. 非常规水源利用量较上年增加或占当年用水总量比例情况，0.5 分。 3. 再生水利用率情况，0.5 分	得分	自查/核查
		10	节水宣传教育	2.5	1. 在省级及以上报纸、电视台、电台等媒体开展节水专题宣传情况，1 分。 2. 在学校开展节约用水主题宣传教育活动情况，1 分。 3. 节水宣传教育措施制定和落实情况，在关键节点节水形势宣传情况，0.5 分	得分	自查/核查
取用水监管	16	11	水量分配	4	1. 本省级行政区域涉及的跨省江河水量分配方案完成情况，2 分。按照 2020 年以前已批复或确认的跨省江河占已开展水量分配的跨省江河的比例得分。如本省级行政区不涉及此项内容，分值转移至第 2 项。 2. 本省级行政区域开展跨地级行政区江河水量分配情况，2 分。按照 2020 年以前已完成水量分配的跨地级行政区江河占应完成水量分配的跨地级行政区江河的比例得分	得分	自查/核查

续表

类别	分值	序号	考核指标或项目	分值	考核内容	赋分方式[1]	考核方式[2]
取用水监管	16	12	水资源调度	2	1. 水资源调度方案和计划编制情况，0.9分。其中，配合流域管理机构编制跨省江河或跨流域调水工程水资源调度方案，0.3分，按照未完成任务情况扣分；按要求报送跨省江河（跨流域调水工程）年度用水计划建议（年度水工程运行计划建议）和调度总结，0.3分，按照未完成任务情况扣分；组织编制省内江河水资源调度计划，0.3分，按照任务完成情况得分。 2. 水资源调度计划执行情况，1.1分。其中，执行水资源调度计划和调度指令，0.3分；控制指标完成率达标，0.8分。按照未完成任务情况扣分	得分/减分	自查/核查
		13	取水口监管	6	1. 取用水管理专项整治行动落实情况，3分。按照取用水管理专项监督检查结果扣分。 2. 取水口监督管理情况，3分。按照水资源管理监督检查结果扣分	减分	四不两直

续表

类别	分值	序号	考核指标或项目	分值	考核内容	赋分方式[1]	考核方式[2]
取用水监管	16	14	取用水管理基础工作	2	1.《用水统计调查制度》落实情况，0.5分。按照任务完成情况得分	得分	自查/核查
					2.用水统计管理情况，0.5分。按照水资源管理监督检查结果扣分	减分	四不两直
					3.取水许可电子证照推广应用情况，1分。按照省级及地市级取水许可电子证照推广应用比例得分	得分	自查/核查
		15	水价改革与水资源有偿使用	2	1.农业水价综合改革情况[5]，1.4分。按照农业水价综合改革评估结果得分	得分	自查/抽查
					2.水资源费（税）征收情况，0.6分。按照水资源管理监督检查结果扣分	减分	四不两直
水资源保护	11	16	地下水管理	5	1.地下水保护和超采治理情况，3分。北京、天津、河北、山西、河南、山东等6个省（直辖市）按照水资源管理监督检查结果、地下水水位变化通报、地下水超采综合治理专项评估结果扣分；其他省（自治区、直辖市）按照水资源管理监督检查结果、地下水水位变化通报扣分	减分	四不两直

续表

类别	分值	序号	考核指标或项目	分值	考　核　内　容	赋分方式[1]	考核方式[2]
水资源保护	11	16	地下水管理	5	2. 地下水监管基础工作情况，2 分。按照地下水管控指标确定情况、重点区域地下水超采治理和保护方案编制情况等任务完成情况得分	得分	自查/核查
		17	重要饮用水水源保护	2	1. 重要饮用水水源安全保障达标落实情况，1.5 分。按照安全保障达标评估和成果报送情况、水质监测信息报送情况以及上年度问题整改落实情况扣分。 2. 地级行政区应急备用水源建设情况，0.5 分。按照未建立应急备用水源的地级行政区占应建立应急备用水源的地级行政区比例扣分	减分	自查/抽查
		18	生态流量（水量）管控	4	1. 本省级行政区域的河湖生态流量保障目标确定情况，2 分。按照 2020 年已批复生态流量保障目标的重点河湖占应批复生态流量保障目标的重点河湖的比例得分	得分	自查/核查
					2. 已批复河湖生态流量保障情况，2 分。根据水利部通报已批复 41 条河湖生态流量保障目标达标情况、省级行政区域已批复河湖生态流量保障目标及管理措施落实情况等扣分。如本省级行政区不涉及此项内容，分值转移至第 1 项	减分	自查/抽查

续表

类别	分值	序号	考核指标或项目	分值	考核内容	赋分方式[1]	考核方式[2]
农村饮水安全监管	9	19	农村饮水安全脱贫攻坚	约束性指标	农村饮水安全脱贫攻坚任务完成情况	未完成的，本项分值为零	四不两直/抽查
		20	农村饮水安全工程建设	4.5	1. 农村饮水安全巩固提升工程建设任务完成情况，2.25 分。根据各地上报和暗访发现的问题数量与严重程度进行扣分。 2. 饮水型氟超标改水任务完成情况，2.25 分。根据各地上报和暗访发现的问题数量与严重程度进行扣分。如本省级行政区不涉及氟超标改水任务，分值均计入巩固提升，按照同一评价标准进行扣分	得分/减分	四不两直
		21	农村饮水安全运行管护	4.5	1. 农村供水工程定价完成情况，1.5 分。根据暗访发现的问题数量与严重程度进行扣分。 2. 农村供水工程水费收缴情况，1.5 分。根据暗访发现的问题数量与严重程度进行扣分。 3. 明察暗访、群众举报和媒体曝光等渠道发现的农村饮水安全运行管护问题，1.5 分。按照问题数量与严重程度进行扣分	得分/减分	四不两直

续表

类别	分值	序号	考核指标或项目	分值	考核内容	赋分方式[1]	考核方式[2]
河湖管理	15	22	河湖管理保护成效	10	根据国务院办公厅对2020年河长制湖长制督查激励考核评价情况，对各省（自治区、直辖市）河长制湖长制工作推进情况及河湖管理保护成效予以赋分，15分	得分	四不两直
		23	河长制湖长制工作推进力度	5		得分	四不两直
合计	100						

注：(1)“得分”赋分形式主要是指依据工作任务完成情况进行得分，部分完成部分得分，未完成不得分；“减分”赋分形式主要是指依据“四不两直”等检查发现的问题进行扣分。

(2)“自查/核查”和“自查/抽查”考核形式是指各省（自治区、直辖市）依据“自查”考核事项报送自查材料，考核工作组对“自查”考核事项进行资料核查或内容抽查，其中抽查以“四不两直”检查、评估等方式开展；“四不两直”考核形式是指各省（自治区、直辖市）可不报送自查材料，考核工作组以“四不两直”方式进行检查。

(3)北方地区指北京、天津、河北、山西、内蒙古、辽宁、吉林、黑龙江、山东、河南、陕西、甘肃、宁夏、新疆等14个省（自治区、直辖市）；其他省（自治区、直辖市）为南方地区，包括江河源头区的青海省和西藏自治区。

(4)严重缺水地区指北京、天津、河北、山西、内蒙古、甘肃、宁夏、新疆等8个省（自治区、直辖市）。

(5)农业水价综合改革情况依据附表4进行统计与报送，并提供相关数据来源、情况说明等。

附件2　略

附件3　略

附表　略

附录B

调 查 问 卷 情 况

B-1 2016年调查问卷情况

一、调查问卷设计

为了更加了解考核工作的组织实施效果，本书设计了调查问卷，邀请省级以下水资源工作人员根据工作实际进行填写，并以此为基础从被考核对象的角度出发来分析和评估考核工作组织实施情况。调查问卷共分六大部分。

一是问卷填写人情况。考虑到不同行政级别接受国家考核时的考核重点不同，是否接受过国家检查组检查也将影响对考核流程和具体细节的了解程度，因此为了提升问卷的针对性，设计了本部分内容，主要了解问卷填写人所在单位的行政级别以及是否接受过国家检查组的检查以及检查时间。

二是考核内容。本部分主要了解问卷填写人对考核内容的意见，包括三个方面：上级下达的年度考核目标是否合理及具体意见，目标完成情况评分所占权重是否合理及具体意见，制度建设和措施落实情况考核的具体意见。

三是自查工作。本部分主要了解问卷填写人对自查报告及自查工作安排的意见，包括四个方面：第一是自查报告的内容是否合理；第二是自查报告相关数据来源情况；第三是报送自查报告的时限要求是否合适；第四是自查工作中的困难、问题及相关建议。

四是重点抽查与现场检查工作。本部分主要了解问卷填写人对重点抽查与现场检查工作安排和开展情况的意见，包括六个方面：第一是目前现场检查与重点抽查的工作内容是否合理，需要增加或者简化的检查内容；第二是国家检查组与省级部门的沟通联系情况；第三是样本选择的科学程度；第四是检查组的人员配备是否合理；第五是现场检查结果的反馈和交流是否充分；第六是对重点抽查与现场检查工作的其他意见和建议。

五是考核结果公布和运用情况。本部分主要了解问卷填写人对考核结果公布和运用情况的意见，包括五个方面：第一是最终考核结果形成前国家考核办同省级政府或水利部门的沟通情况；第二是对过去两个年度考核结果公布情况的意见；第三是对过去两个年度考核结果运用情况的意见；第四是对考核结果社会宣传效果的意见；第五是对考核结果公布和运用的其他意见与建议。

六是其他方面。主要包括水利部门以外其他部门履职情况的意见、进一步做好考核工作的其他意见和建议。

二、调查结果分析

在回收的86份有效问卷中，接受过国家检查组现场检查的共38个，其中省级17个，市级20个，县级1个；未接受过国家检查组现场检查的共48个，其中市级39个，县级9个。

1. 关于考核内容

由于最严格水资源管理制度考核工作的考核对象主要是省级人民政府，年度考核目标由省级人民政府自行确定，因此本部分调查结果的定量分析以省级人员意见为主，在具体意见中适当参考市县两级人员所提意见。

(1) 年度考核目标较为合理

问卷调查结果显示，76.5%的省级被调查人员选择完全合理或者基本合理，对年度考核目标的设定基本满意。选择“部分不合理”的问卷所反映的问题主要包括总量指标空间小、水功能区水质达标率目标偏高等方面。

(2) 对目标完成情况所占评分权重的意见较为分散

在2015年度考核工作中，目标完成情况所占权重为50%，问卷调查结果显示，仅有35.3%的省级被调查人员认为应一直保持50%的权重，而有47%的认为应当增加到60%以上，6%的人认为应当增加到80%以上，还有11.8%的人认为权重设计不合理，意见主要是应当降低目标完成情况所占权重（特别是南方地区用水总量控制指标很高，当前实际用水量远未达到，考核缺乏实际意义）、增加日常工作情况及专项工作占比等方面。

(3) 对制度建设和措施落实情况考核的有关意见和建议

主要的意见包括：考核指标过细，部分指标未结合地方工作实际，可操作性不强，应当充分考虑各地工作开展的不同方式和重点领域；考核对象是省级政府，应当进一步明确发展改革、工业和信息化、环境保护等其他部门在考核中的被考内容。

2. 关于自查工作

由于自查报告为省级人民政府提交，因此在定量分析中以省级人员意见为主，在具体意见中适当参考市县两级人员意见。

(1) 自查报告内容要求较为合理

62.5%的省级被调查人员认为自查报告内容合理，37.5%的认为比较合理，建议适当简化与往年报告中重复的部分，已经实施过的不再重复提供材料，建议进一步细化调整报告体系。

(2) 报送自查报告的时限要求较为合理

2015年度考核要求省级人民政府于2016年3月31日前报送自查报告，33.3%的省级被调查人员认为合理，53.3%的认为比较合理，建议适当推后，主要原因包括统计数据发布较晚、春节放假影响工作开展，13.3%的认为不合理，具体原因为考核方案下达时间较晚，自查工作开展过于仓促。

（3）自查报告数据来源较为多元

65%的省级被调查人员选择数据主要来源于年报等常规统计数据，15%的选择数据主要来源于专门部署开展的一次性报送数据，20%的选择来源于行政事业单位的日常工作台账数据。

（4）关于自查工作中的主要困难和问题

调查中反映的主要困难集中在统计数据和相关资料收集困难、基层水资源工作能力薄弱、其他相关部门在提供数据和资料方面配合度不高、考核工作方案印发时间晚自查时间紧张等方面。

3. 关于现场检查与重点抽查工作

（1）现场检查与重点抽查的工作内容较为合理

由于现场检查与重点抽查工作涉及省、市、县三级，因此三级被调查人员意见都纳入分析范围。一是省级人员，59%的被调查人员认为现场检查与重点抽查工作内容非常合理，17.6%的人建议进一步增加现场检查内容，17.6%的建议适当简化现场检查内容，此外有6%的人认为不合理；二是市级人员，60%的人认为非常合理，25%的人建议进一步增加现场检查内容，15%的人建议适当简化现场检查内容；三是县级人员，认为非常合理。具体的意见主要包括增强检查对象的代表性、增加对其他相关部门主管内容的检查工作、对部门数据来源的真实性进行抽查核实等。

（2）现场检查前的沟通较充分，但是留给地方的准备时间较为紧张

一是省级人员，33.3%的被调查人员认为沟通和时间都是充

分的，60％的人认为沟通充分，但是时间紧张，6.7％的人认为沟通不充分；二是市级人员，38.9％的人认为沟通和时间都是充分的，61.1％的人认为沟通充分，但是时间紧张；三是县级人员，认为沟通和时间都充分。具体的意见主要是建议在下达检查通知后15～20天后再开展检查。

（3）重点抽查的样本选取比较科学

一是省级人员，56.3％的被调查人员认为样本选取科学，43.7％的人认为不够科学，并提出了完善建议；二是市级人员，93.8％的人认为样本选取科学；三是县级人员，认为样本选取科学。主要的意见包括应当将小型用水户纳入样本，增加检查地区数量、分类型地选择样本并增加样本数量等方面。

（4）国家检查组人员配备不够合理

一是省级人员，33.3％的被调查人员认为人员配备合理，66.7％的人认为不够合理，并提出了完善建议；二是市级人员，63.2％的人认为人员配备合理，36.8％的人认为不够合理；三是县级人员，认为人员配备合理。主要的意见包括提高带队领导层级、增加其他部门参与人员、从地方抽调人员参与非本地考核工作等方面。

（5）现场检查与重点抽查过程中同地方有较为充分的交流

85.7％的省级人员、80％的市级人员和全部县级人员都认为现场检车与重点抽查过程中的反馈和交流比较充分。

4. 关于考核结果公布和运用工作

（1）最终考核结果形成前的沟通比较充分

考虑到最终考核结果是由国家考核组同省级政府或省级水利部门之间进行沟通，因此仅调查了省级水利工作人员的意见。调查结果显示，81.8％的被调查人员表示有过充分沟通，其余18.2％的人表示有过沟通，但是省级意见并未得到采纳且没有合理解释。

(2) 对2013年度和2014年度考核结果的公布情况较为满意

综合省、市、县三级被调查人员意见，50%的被调查人员表示十分满意，43.3%的人表示比较满意，6.7%的人表示不满意。对考核结果发布情况的意见主要集中在应当公布更加细致的内容，如得分情况等。

(3) 对2013年度和2014年度考核结果的应用情况意见不一

综合省、市、县三级被调查人员意见，33.3%的被调查人员表示了解考核应用情况并表示十分满意，45.5%的人表示了解考核应用情况但不满意，15.2%的人表示没有看到过有关应用情况的信息。对考核结果应用情况的意见主要集中在奖惩措施不明、力度太小、效果不明显等方面。

(4) 对考核结果的社会宣传效果意见不一

综合省、市、县三级被调查人员意见，33.3%的被调查人员表示了解考核应用情况并表示十分满意，45.5%的人表示了解考核应用情况但不满意，15.2%的人表示没有看到过有关应用情况的信息。对考核结果应用情况的意见主要集中在奖惩措施不明、力度太小、效果不明显等方面。

5. 其他部门（水利部门以外）履职情况不够充分

综合省、市、县三级被调查人员意见，只有5.7%的被调查人员表示其他部门（水利部门以外）履职情况充分，31.4%的人表示基本充分，高达62.9%的人表示不充分，建议应当进一步提高其他部门的参与程度。

三、典型省份意见调研

为了更加深入了解地方被考核部门对考核工作的意见与建议，作者组织人员先后赴湖南省水利厅和四川省水利厅开展调研，听取了省级水资源管理部门及技术支撑单位对最严格水资源管理制度考核工作的相关意见。

（一）湖南省调研情况

2016 年 8 月 18 日，水利部发展研究中心赴长沙市同湖南省水利厅开展座谈，参会人员包括湖南省水利厅水资源处、水文局、设计院、水科院等单位的工作人员。湖南省所提意见主要集中在以下几个方面：

1. 缺乏监测数据，影响考核公正

目前考核的四项指标，除了水功能区达标率是监测数据，其他多数都是统计分析数据，可靠性不足，影响考核的公正。考核工作开始以后甚至影响到了水资源统计公报，多个地区为了适应考核工作调整公报数据。

2. 年度考核方案出台太晚

考核内容非常多，说明水资源管理薄弱、需要加强，但由于考核方案下发要在考核年度的次年初才下发，导致部分实际工作同考核要求之间存在脱节的问题。

3. 缺少对水利部门以外其他部门的考核

目前考核的主体组织部门是水利部门，被考核对象绝大多数也是水利部门，地方考核成绩不佳时“挨板子”的也是水利部门，这种情况下其他相关部门的重视程度和参与程度都严重不足。为了增强其他部门对水资源管理工作的重视程度，加强不同部门之间的衔接，应当改变目前考核对象主要为水利部门的现状，增加对其他部门的考核。

4. 考核结果的应用效果不佳

目前要求将考核结果应用到组织部门对地方领导的考核中，但是外界难以看到有直接的应用效果。

5. 对基层能力建设的考核不足

水资源管理工作中存在两个突出薄弱环节，一个是监测监控能力，另一个是基层业务能力。目前对监控能力的考核工作比较重视，而基层业务能力方面仅要求地县级行政区有明确的水资源管理专职机构和人员，基层突出的人员数量不足、一人兼职干多项业务、专业人员缺乏等问题，在考核中未有体现。

6. 考核排名意义不大

考核排名没有必要，仅仅是地方行政领导评判水资源管理部门工作成效的一个依据（如去年第21名，今年第25名了，就要挨批评），意义不大。

7. 水功能区监测方案及水质达标率计算方法有待进一步深入研究

目前存在的问题如下：

（1）一个断面的代表性究竟有多大？一个断面能代表一个水功能区的水质情况吗？

（2）监测点位置的调整是否允许？

（3）水功能区水质达标率如何测算更加科学？

（二）四川省调研情况

2016年8月30日，水利部发展研究中心赴成都市同四川省水利厅开展座谈，参会人员包括四川省水利厅水资源处、水文局、水科院等单位的工作人员。四川省所提意见主要集中在以下几个方面：

1. 考核时间安排

（1）考核频次高，基层负担重

目前每年开展全面考核，给地方带来了十分沉重的负担。对于省一级来说，既要接受国家考核，又要组织开展本省的地市考核，相关任务基本要贯穿全年，严重影响水资源管理其他工作的开展。

（2）自查报告准备时间紧张

自查报告要求3月31日前上报，而年度考核方案一般在2月初印发，考虑到文件下发及转发流程、不同部门之间衔接、春节放假等因素，自查报告编写时间非常有限。此外，自查报告最后要以省政府文件的形式上报，还需要一定的公文运转等流程，时间紧张，工作难度很大。

（3）与相关统计数据出炉时间不协调

在自查报告阶段，很多相关数据均未出炉，如由统计部门提供的地方经济状况数据要在6月底左右才有，自查阶段缺乏权威数据来源。

2. 考核指标设置

（1）考核内容未能充分考虑南北方的差异

比如在地下水管理和用水效率提升等方面，南方丰水地区要达到和北方缺水地区相同的管理水平难度非常大。

（2）指标数据来源不明确

一是各项指标数据来源出处不够明确，例如万元工业增加值用水量仅要求由相关部门提供，并未明确具体部门。

二是水利部门掌握的限制排污总量和环保部门环境容量之间存在技术分歧，工作中经常存在“数据打架”等问题，考核工作中要求的“地方政府或有关部门将重要水功能区限制排污总量意见作为水污染防治和污染物减排的重要依据”难以核实。

3. 部分指标评分计算方式不合理

水功能区水质达标率评分方法不合理。按照目前的评分方法，四川省2030年的水功能区水质达标率即使达到100%，该项评分依然无法得到满分，说明评分方法不够合理。

4. 考核结果应用效果不佳

目前考核方案仅是要求将考核结果交由干部主管部门，作为对地方政府相关领导干部综合考核评价的重要依据，在实际中组织部门如何应用考核结果并未明确。

B－2 2017年调查问卷情况

一、调查问卷设计

为了更加了解考核工作的组织实施效果，作者设计了调查问卷，邀请省级以下水资源工作人员根据工作实际进行填写，并以此为基础从被考核对象的角度出发来分析和评估考核工作组织实施情况。调查问卷共分六大部分。

一是问卷填写人情况。考虑到不同行政级别接受国家考核时的考核重点不同，是否接受过国家检查组检查也将影响对考核流程和具体细节的了解程度，因此为了提升问卷的针对性，设计了本部分内容，主要了解问卷填写人所在单位的行政级别以及是否接受过国家检查组的检查以及检查时间。

二是考核内容。本部分主要了解问卷填写人对考核内容的意见，包括三个方面：上级下达的年度考核目标是否合理及具体意见，目标完成情况、制度建设情况和措施落实情况评分所占权重是否合理及具体意见，各项具体考核指标分值设定是否合理及具体意见。

三是自查工作。本部分主要了解问卷填写人对自查报告及自查工作安排的意见，包括五个方面：第一是自查报告的内容是否合理；第二是报送自查报告的时限要求是否合适；第三是自查报告相关数据来源情况；第四是自查工作中的困难、问题及相关建议；第五是国家考核办对各省自查材料进行核查时是否与各省进行了充分沟通及对核查工作的建议。

四是重点抽查与现场检查工作。本部分主要了解问卷填写人对重点抽查与现场检查工作安排和开展情况的意见，包括六个方面：第一是目前现场检查与重点抽查的工作内容是否合理，需要增加或者简化的检查内容；第二是国家检查组与省级部门的沟通联系情况；第三是样本选择的科学程度；第四是检查组的人员配备是否合理；第五是现场检查结果的反馈和交流是否充分；第六是对重点抽查与现场检查工作的其他意见和建议。

五是考核结果公布和运用情况。本部分主要了解问卷填写人对考核结果公布和运用情况的意见，包括五个方面：第一是最终考核结果形成前国家考核办同省级政府或水利部门的沟通情况；第二是对过去两个年度考核结果公布情况的意见；第三是对过去两个年度考核结果运用情况的意见；第四是对考核结果社会宣传效果的意见；第五是对考核结果公布和运用的其他意见与建议。

六是其他方面。主要包括水利部门以外其他部门履职情况的意见、进一步做好考核工作的其他意见和建议。

二、调查结果分析

在回收的 78 份有效问卷中，接受过国家检查组现场检查的共 53 个，其中省级 39 个，市级 10 个，县级 4 个；未接受过国家检查组现场检查的共 25 个，其中市级 6 个，县级 19 个。

1. 关于考核内容

由于最严格水资源管理制度考核工作的考核对象主要是省级人民政府，年度考核目标由省级人民政府自行确定，因此本部分调查结果的定量分析以省级人员意见为主，在具体意见中适当参考市县两级人员所提意见。

（1）年度考核目标较为合理

问卷调查结果显示 56％的被调查人员选择合理，对年度考核目标的设定基本满意。选择不合理的问卷所反映的问题主要包括用水总量真实性欠佳；用水效率不可能持续下降，应有一个合理目标范围等方面。

（2）目标完成情况、制度建设情况和措施落实情况所占评分权重较为合理

问卷调查结果显示，78％的被调查人员认为各项评分权重十分合理或较为合理，意见主要是适当降低目标完成所占权重，增加措施落实情况所占权重，针对每年考核重点区别设置权重等方面。

（3）对制度建设和措施落实情况考核的有关意见和建议

主要的意见包括：应当对南北方、发达与欠发达、基础好坏不同的地区分别设置考核指标和分数权重；考核过于针对文件出台情况的考核，缺乏对实际工作开展情况的考核；创新奖励及其他加分事项的评分标准和过程不科学不透明；增加上年度问题整改落实完成情况的相关考核指标。

2. 关于自查工作

由于自查报告为省级人民政府提交，因此在定量分析中以省级人员意见为主，在具体意见中适当参考市县两级人员意见。

（1）自查报告内容要求较为合理

62.5％的省级被调查人员认为自查报告内容合理，37.5％的认为比较合理，建议适当简化自查报告文字，尽量以表格方式表达，减少政府办文时间。

（2）报送自查报告的时限要求较为合理

12.8％的省级被调查人员认为合理，87.2％的认为比较合理，建议适当推后，主要原因是统计数据发布较晚。

（3）自查报告数据来源较为多元

调查结果显示，年报等常规统计数据、专门部署开展的一次

性报送数据、行政事业单位的日常工作台账数据都是自查报告数据的主要来源。

（4）关于自查工作中的主要困难和问题

调查中反映的主要困难集中在统计数据和相关资料收集困难、基层水资源工作能力薄弱、其他相关部门在提供数据和资料方面配合度不高、自查时间紧张等方面。

（5）对自查工作的其他意见和建议

建议从国家考核组层面对各部门的具体分工进行明确，避免出现推诿不作为等问题。建议考核中指标设置要考虑如何考核政府，而不是现在的完全考核水利部门。

（6）国家考核办在自查报告核查阶段与各省有一定沟通

全部受调查人员都表示国家考核办在自查报告核查阶段与各省有过沟通，问题主要集中在应当允许地方补充材料。

3. 关于现场检查与重点抽查工作

（1）现场检查与重点抽查的工作内容较为合理

由于现场检查与重点抽查工作涉及省、市、县三级，因此三级被调查人员意见都纳入分析范围。一是省级人员，31％的被调查人员认为现场检查与重点抽查工作内容非常合理，56％的人建议进一步增加现场检查内容，13％的建议适当简化现场检查内容；二是市级人员，60％的人认为非常合理，25％的人建议进一步增加现场检查内容，15％的人建议适当简化现场检查内容；三是县级人员，认为非常合理。具体的意见主要包括增加现场检查工作内容，增加对其他相关部门主管内容的检查工作等。

（2）现场检查前的沟通较充分，但是留给地方的准备时间较为紧张

一是省级人员，33.3％的被调查人员认为沟通和时间都是充分的，66.7％的人认为沟通充分，但是时间紧张；二是市级人员，

38.9%的人认为沟通和时间都是充分的，61.1%的人认为沟通充分，但是时间紧张；三是县级人员，认为沟通和时间都充分。具体的意见主要是建议在下达检查通知后10天左右后再开展检查。

（3）重点抽查的样本选取比较科学

一是省级人员，33.3%的被调查人员认为样本选取科学，66.7%的人认为不够科学，并提出了完善建议；二是市级人员，93.8%的人认为样本选取科学；三是县级人员，认为样本选取科学。主要的意见是加强随机抽查，扩大抽样范围，增加检查数量。

（4）国家检查组人员配备不够合理

一是省级人员，33.3%的被调查人员认为人员配备合理，66.7%的人认为不够合理，并提出了完善建议；二是市级人员，63.2%的人认为人员配备合理，36.8%的人认为不够合理；三是县级人员，认为人员配备合理。主要的意见包括提高带队领导层级、增加其他部委参与人员等方面。

（5）现场检查与重点抽查过程中同地方有较为充分的交流

85.7%的省级人员、80%的市级人员和全部县级人员都认为现场检车与重点抽查过程中的反馈和交流比较充分。部分意见为交流流于形式。

4. 关于考核结果公布和运用工作

（1）最终考核结果形成前的沟通比较充分

考虑到最终考核结果是由国家考核组同省级政府或省级水利部门之间进行沟通，因此仅调查了省级水利工作人员的意见。调查结果显示，81.8%的被调查人员表示有过充分沟通，其余18.2%的人表示有过沟通，但是省级意见并未得到采纳且没有合理解释。主要意见是建议对扣分点详细告知。

（2）对“十二五”期末考核结果的公布情况较为满意

综合省、市、县三级被调查人员意见，50%的被调查人员表示十分满意，43.3%的人表示比较满意，6.7%的人表示不满意。对考核结果发布情况的意见主要集中在应当公布更加细致的内容，如排名情况、主要问题等。

（3）对“十二五”期末考核结果的应用情况意见不一

综合省、市、县三级被调查人员意见，33.3%的被调查人员表示了解考核应用情况并表示十分满意，45.5%的人表示了解考核应用情况但不满意，15.2%的人表示没有看到过有关应用情况的信息。

（4）对考核结果的社会宣传效果满意度不高

综合省、市、县三级被调查人员意见，33.3%的被调查人员表示宣传效果良好，66.7%的人表示宣传效果一般。

（5）对加强考核结果宣传及应用工作的意见和建议

主要集中在加大宣传力度，利用多种媒体渠道进行宣传，切实做到奖惩分明等方面。

5. 其他部门（水利部门以外）履职情况不够充分

综合省、市、县三级被调查人员意见，只有5.7%的被调查人员表示其他部门（水利部门以外）履职情况充分，31.4%的人表示基本充分，高达62.9%的人表示不充分，建议应当进一步提高其他部门的参与程度。

B－3　2018年调查问卷情况

一、调查问卷设计

为了更加了解考核工作的组织实施效果，作者设计了调查问卷，邀请省级以下水资源工作人员根据工作实际进行填写，并以此为基础从被考核对象的角度出发来分析和评估考核工作组织实施情况。调查问卷共分六大部分。

一是问卷填写人情况。考虑到不同行政级别接受国家考核时的考核重点不同，是否接受过国家检查组检查也将影响对考核流程和具体细节的了解程度，因此为了提升问卷的针对性，设计了本部分内容，主要了解问卷填写人所在单位的行政级别以及是否接受过国家检查组的检查以及检查时间。

二是考核内容。本部分主要了解问卷填写人对考核内容的意见，包括三个方面：上级下达的年度考核目标是否合理及具体意见，目标完成情况、制度建设情况和措施落实情况评分所占权重是否合理及具体意见，各项具体考核指标分值设定是否合理及具体意见。

三是自查与核查工作。本部分主要了解问卷填写人对自查与核查工作的意见，包括六个方面：第一是自查报告的内容是否合理；第二是报送自查报告的时限要求是否合适；第三是自查报告相关数据来源情况；第四是自查工作中的困难、问题及相关建议；第五是国家考核办对各省自查材料进行核查时是否与各省进行了充分沟通及对核查工作的建议；第六是对明察暗访工作的评价及建议。

四是重点抽查与现场检查工作。本部分主要了解问卷填写人对重点抽查与现场检查工作安排和开展情况的意见，包括六个方面：第一是目前现场检查与重点抽查的工作内容是否合理，需要增加或者简化的检查内容；第二是国家检查组与省级部门的沟通联系情况；第三是样本选择的科学程度；第四是检查组的人员配备是否合理；第五是现场检查结果的反馈和交流是否充分；第六是对重点抽查与现场检查工作的其他意见和建议。

五是考核结果公布和运用情况。本部分主要了解问卷填写人对考核结果公布和运用情况的意见，包括五个方面：第一是最终考核结果形成前国家考核办同省级政府或水利部门的沟通情况；第二是对历年考核结果公布情况的意见；第三是对历年考核结果应用情况的意见；第四是对考核结果社会宣传效果的意见；第五是对考核结果公布和运用的其他意见与建议。

六是其他方面。主要包括水利部门以外其他部门履职情况的意见、进一步做好考核工作的其他意见和建议。

二、调查结果分析

在回收的52份有效问卷中，填写人员来自省级水行政主管部门及下属单位的40个，地市级水行政主管部门及下属单位的7个，县级4个，其他1个。接受过国家检查组现场检查的共45个。

1. 关于考核内容及其赋分情况

(1) 年度考核目标较为合理

问卷调查结果显示75%的被调查人员选择合理，对年度考核目标的设定基本满意。选择不合理的问卷所反映的问题主要包括用水效率水平较高仍以降幅作为考核目标不合理等方面。

(2) 目标完成情况、制度建设情况和措施落实情况所占评分权重较为合理

问卷调查结果显示，超过90%的被调查人员认为各项评分权重十分合理或较为合理，意见主要是适当降低目标完成所占权重，增加措施落实情况所占权重，针对每年考核重点区别设置权重等方面。

(3) 各项具体考核指标的分值设定较为合理

问卷调查结果显示，超过73%的被调查人员认为各项具体考核指标分值设定合理，认为不合理的主要是创新奖励及其他加分事项设置不够合理（13.5%，主要意见是缺乏明确标准，不能体现公正公平）、措施落实方面指标分值设置不够合理（11.5%，主要意见是应当突出重点，不要面面俱到）。

(4) 对制度建设和措施落实情况考核的有关意见和建议

主要的意见包括：增加对水利以外其他部门的考核；考核内

容过多，应当适当简化、突出重点；注重地区差异；对人为重大水污染事件等情形“一票否决”等。

2. 关于自查工作

（1）自查报告内容要求较为合理

61.5%的被调查人员认为自查报告内容合理，32.7%的认为比较合理，建议适当简化自查报告文字，尽量以表格方式表达，减少政府办文时间。

（2）报送自查报告的时限要求较为合理

57.7%的被调查人员认为合理，38.5%的认为比较合理，建议适当推后，主要原因是统计数据发布较晚。

（3）自查报告数据来源较为多元

调查结果显示，年报等常规统计数据、专门部署开展的一次性报送数据、行政事业单位的日常工作台账数据都是自查报告数据的主要来源。

（4）关于自查工作中的主要困难和问题

调查中反映的主要困难集中在统计数据和相关资料收集困难、基层水资源工作能力薄弱、其他相关部门在提供数据和资料方面配合度不高、工作量大等方面。

（5）对自查工作的其他意见和建议

建议从国家考核组层面对各部门的具体分工进行明确，避免出现推诿不作为等问题。建议适当简化年度考核内容。

（6）国家考核办在自查报告核查阶段与各省有一定沟通

超过98%的受调查人员都表示国家考核办在自查报告核查阶段与各省有过沟通，问题主要集中在应当有更加充分的沟通和反馈。

（7）明察暗访切实发挥了一定作用

82.7%的受调查人员对明察暗访不知情，11.5%的人虽然事先知情但也不了解具体开展情况，25%的人认为明察暗访切实发现了问题。主要意见是应当加强事后沟通和问题反馈。

3. 关于现场检查与重点抽查工作

（1）现场检查与重点抽查的工作内容较为合理

超过40％的被调查人员认为现场检查与重点抽查工作内容非常合理，28.9％的人建议进一步增加现场检查内容，21.2％的建议适当简化现场检查内容。具体的意见主要包括检查烦琐，流于形式，基层负担重等。

（2）现场检查前的沟通较充分，但是留给地方的准备时间较为紧张

48％的被调查人员认为沟通和时间都是充分的，50％的人认为沟通充分，但是时间紧张。具体的意见主要是建议在下达检查通知后10天左右再开展检查。

（3）重点抽查的样本选取比较科学

80％的被调查人员认为样本选取科学。主要的意见是加强随机抽查，避免重复开展检查工作。

（4）国家检查组人员配备不够合理

超过60％的被调查人员认为人员配备合理。主要的意见包括部级领导带队、增加其他部委参与人员、省际交叉检查等方面。

（5）现场检查与重点抽查过程中同地方有较为充分的交流

超过80％的被调查人员都认为现场检查与重点抽查过程中的反馈和交流比较充分。主要意见是应当告知扣分细节、协助制定解决方案等方面。

4. 关于考核结果公布和运用工作

（1）最终考核结果形成前的沟通比较充分

调查结果显示，超过50％的被调查人员表示有过充分沟通。主要意见是建议对扣分点详细告知。

（2）对历年考核结果的公布情况较为满意

48%的被调查人员表示十分满意，50%的人表示比较满意。意见主要集中在应当公布更加细致的内容，如排名情况、具体分数、扣分点、主要问题等。

（3）对历年考核结果的应用情况意见不一

40%的被调查人员表示了解考核应用情况并表示十分满意，40%的人表示了解考核应用情况但不满意，13.5%的人表示没有看到过有关应用情况的信息。

（4）对考核结果的社会宣传效果满意度不高

38.5%的被调查人员表示宣传效果良好，48%的人表示宣传效果一般，13.5%的被调查人员表示宣传效果较差。

（5）对加强考核结果宣传及应用工作的意见和建议

主要集中在加大宣传力度、严肃问责、切实做到奖惩分明、设立进步奖等方面。

5. 其他部门（水利部门以外）履职情况不够充分

只有13.5%的被调查人员表示其他部门（水利部门以外）履职情况充分，超过40%的人表示不充分，建议应当进一步提高其他部门的参与程度。

B-4 2019年调查问卷情况

一、调查问卷设计

为了总结最严格水资源管理制度考核工作的经验和成效，分析存在的问题和不足，为不断加强和改进考核工作提供对策建议和决策支撑，作者设计了调查问卷，邀请省级以下水资源工作人员根据工作实际进行填写。调查问卷共分七大部分。

一是问卷填写人情况。考虑到不同行政级别在水资源考核中的考核重点不同，对最严格水资源管理制度考核工作的熟悉程度也将影响对考核工作成效与问题的判断，因此为了提升问卷的针对性，设计了本部分内容，主要了解问卷填写人所在单位的行政级别以及对最严格水资源管理制度考核工作的熟悉程度。

二是考核内容情况。本部分主要了解问卷填写人对考核内容的意见，包括五个方面：第一是所在地区年度考核方案的发布时间及其合理性；第二是所在地区规定的自查报告完成时间及其合理性；第三是国家考核与地方考核在考核内容衔接方面是否存在问题及其具体表现；第四是所在地区在考核内容方面的特色做法；第五是对考核程序的其他意见及建议。

三是考核组织情况。本部分主要了解问卷填写人对考核组织的意见，包括四个方面：第一是所在地区考核工作参与主体责任划分的合理性及具体问题；第二是国家考核与地方考核在考核组织方面的衔接是否存在问题及其具体表现；第三是所在地区在考核组织方面的特色做法；第四是对考核组织的其他意见及建议。

四是考核内容和考核指标情况。本部分主要了解问卷填写人所在地区考核内容和考核指标设计的情况与意见，包括五个方面：第一是目标完成情况与制度建设和措施落实情况分数权重是否合理及相关建议；第二是提升制度建设和措施落实情况考核科学性与可操作性的相关建议；第三是国家考核与地方考核在考核内容和考核指标方面的衔接是否存在问题；第四是所在地区在考核内容和考核指标方面的特色做法；第五是对内容和考核指标的其他意见和建议。

五是考核结果运用情况。本部分主要了解问卷填写人对考核结果运用情况的意见，包括五个方面：第一是对历年考核结果公布情况的意见；第二是对历年考核结果应用情况的意见；第三是对考核结果社会宣传效果的意见；第四是所在地区在考核结果运用方面的特色做法；第五是对考核结果运用的其他意见与建议。

六是2019年度考核方案情况。本部分主要了解问卷填写人对2019年考核方案的意见，包括三个方面：对国家2019年度考核方案的了解情况，所在地区2019年度考核方案的编制情况，国家2019年度考核方案是否科学合理及具体意见。

七是其他方面。主要包括进一步做好考核工作的其他意见和建议。

二、调查结果分析

本次问卷调查共回收有效问卷92份，填写人员来自省级水行政主管部门及下属单位的41个，地市级水行政主管部门及下属单位的42个，县级8个，其他1个。2017年以来参与过考核工作的共54人，其中27人是本地区考核工作具体执行人员。

1. 考核程序的情况

（1）年度考核方案发布时间较为合理

问卷调查结果显示，76.59%的被调查人员所在地区年度考核方案发布时间为考核12月底之前，78.73%的被调查人员选择合理，对年度考核方案发布时间的设定基本满意。选择不合理的问卷提出的意见主要是应当尽早公布考核方案以便准备考核工作。

（2）自查报告的报送时间较为合理

问卷调查结果显示，79.78%的被调查人员认为所在地区自查报告的报送时间设定合理，选择不合理的问卷所反映的问题主要是部分统计数据公布时间较晚，建议待统计部门的GDP和工业增加值等社会经济指标数据公布后再报送自查报告。

（3）考核程序方面，国家考核与地方考核存在衔接问题

问卷调查结果显示，70%以上的被调查人员认为所在地区的国家考核与地方考核在考核程序方面存在衔接问题，具体而言，

51.06%的被调查人员认为主要问题是国家考核方案发布时间较晚，19.15%的被调查人员认为主要问题是地方考核难以支撑国家考核的开展。

（4）关于考核程序设计的特色做法

问卷调查结果显示，78%的被调查人员表明所在地区在考核程序设计方面的特色做法在于考核时间安排比较合理，其中一半的被调查人员提出所在地区的特色做法在于提前发布考核方案，42.55%的被调查人员提出所在地区的特色做法在于多项考核工作综合实施，如将水资源考核并入河长制考核。

（5）对考核程序设计的其他意见和建议

建议提前发布考核方案，适当延长考核周期，自查报告的报送时间应适应考核时限。

2. 考核组织的情况

（1）年度考核通知和考核方案的发文主体多元

问卷调查结果表明，43.62%的被调查人员所在地区的年度考核通知和考核方案的发文主体是政府或政府办公厅，10.64%的地区为水资源委员会或其办公室，20.21%的地区为水利厅等多部门联合印发，23.21%的地区为水利厅印发。

（2）考核组织成员单位责任划分比较明确

调查结果表明，87%以上的被调查人员表明所在地区的考核组织成员单位责任划分比较明确，选择不明确的问卷反映的主要问题在于考核方案的责任划分没有细化至各单位，部分部门不参与考核，或者在考核中只出工不出力。

（3）考核组织方面，国家考核与地方考核衔接比较紧密

问卷调查结果显示，75.53%的被调查人员认为所在地区的国家考核与地方考核在考核组织设计方面不存在衔接问题。提出的主要问题包括国家对省级的考核与省级对市级、市级对县级的考

核不一致、不协调，国家考核与地方考核责任不对应等方面。

（4）关于考核组织设计的特色做法

问卷调查结果显示，被调查人员所在地区在水资源考核组织设计方面注重高层推进，考核组各成员单位切实共同参与考核方案制定并联合印发，有近半地区的考核方案中明确规定各参与单位的职责及分工。

（5）对考核程序设计的其他意见和建议

建议考核工作由政府主导，以政府或者部门联合名义印发考核方案，将方案细化至各个职能部门。在考核资料前期准备阶段，应加强部门联动，组织各相关部门开会部署。

3. 考核内容和考核指标的情况

（1）地区考核内容基本完全覆盖国家考核的考核内容

67.02%的被调查者所在地区考核内容能够完全覆盖国家考核的内容，29.79%的地区考核能够基本覆盖国家考核内容，不一致的内容主要在于部分考核任务主要在省级，没有在地方进行。

（2）考核内容和考核指标设计的特色做法

调查结果表明，60%以上的被调查者所在地区在考核内容和考核指标设计方面具有特色做法，主要是突出年度重点工作，在国家考核的基础上适度增加指标，部分地区结合当地特色设置差异化指标。

（3）对目标完成情况与制度建设和措施落实情况分数权重设计意见不一

58.51%的被调查者表示在指标分数权重设计中应更加注重制度建设和措施落实情况，建议将其权重设置为60%～80%。43.62%的被调查者表示在指标分数权重设计中应更加注重目标完成情况，建议将其权重设置为60%。

（4）对提升制度建设和措施落实情况考核可操作性和科学性

的建议

调查结果表明，78.72％的被调查者表示应当进一步精简考核内容，突出重点。44.68％的被调查者表示应当细化考核要求，尽量采取量化考核指标。4.26％的被调查者表示考核结果应当以按照“四不两直”实地检查结果为准。

（5）对考核内容和考核指标设计的其他意见和建议

主要集中在考核应适当精简、突出重点，在内容和指标设计方面体现地区差异。

4. 考核结果运用的情况

（1）对所在地区考核结果公布情况非常满意

调查结果表明，96％的被调查者表示对所在地区的水资源考核结果公布情况比较满意，建议进一步公布每一项指标完成情况及排名、各地区考核中存在的具体问题。选择不满意的被调查者反映的问题主要为考核结果都是合格，缺乏考核效力。

（2）对考核结果比较了解

79.76％的被调查者表示对水资源考核结果比较了解，17.02％的被调查者表示对水资源考核结果不了解，还有3.19％的被调查者表示不关注考核结果。

（3）对考核结果的满意度意见不一

调查中，39.36％的被调查者对考核结果表示满意，认为其达到了奖优罚差的效果，能够更好推动最严格水资源管理制度落实。40.43％的被调查者对考核结果表示不满意，认为奖罚措施不明、力度太小，效果不明显。20.21％的被调查者表示不了解。

（4）对考核结果的社会宣传效果满意度较差

36.17％的被调查人员表示宣传效果良好，47.87％的人表示宣传效果一般，15.96％的被调查人员表示宣传效果较差，未能向社会充分宣传水资源管理工作成果。

（5）关于考核结果运用的特色做法

调查结果表明，54.26%的被调查者表示所在地区会将考核结果应用到省委或省政府对领导干部的综合考核中，部分地区组织部考核细则实行一票否决制。28.72%的被调查者表示会出台具体的奖励做法。26.6%的被调查者表示没有特色做法。

（6）对考核结果运用的其他意见和建议

主要集中在应严格考核结果的运用，对考核不合格地区的领导进行约谈，问责对象应当是当地政府而非水利部门。

5. 2019年度考核方案的情况

（1）对2019年度考核方案比较了解

调查结果表明，27.66%的被调查者表示非常了解考核方案，熟悉方案内容。48.94%的被调查者表示一般了解考核方案，看过考核方案。17.02%的被调查者表示稍微了解考核方案，听人说起过其中的内容。6.38%的被调查者表示不了解2019年度考核方案。

（2）多数地区已完成2019年度考核方案编制工作

调查中，68.08%的被调查者表示所在地区2019年度考核方案编制工作已经完成，其中，70.31%的地区已经印发，其他地区正在走内部程序。14.89%的被调查者表示所在地区2019年度考核方案正在编制中。1.06%的被调查者表示所在地区未启动编制工作，正在前期准备。15.96%的被调查者表示不清楚。

（3）国家2019年度考核方案比较合理

41.49%的被调查者表示2019年度考核方案的考核程序和考核方式方法更加科学高效。44.68%的被调查者表示考核内容更加丰富，更全面反映水利工作。34.04%的被调查者表示弱化了考核工作地位，更接近为一项部门考核。目前主要问题在于考核没有体现南北地区差异。